拉麵的科學

為什麼吃拉麵會有幸福的感覺？
用科學角度告訴你什麼樣的拉麵最好吃！

川口友萬 著

晨星出版

前言

我和拉麵的緣分始於小說。

有一間總是大排長龍的拉麵店。客人像是被下了蠱一樣，不斷自動上門。讓客人甘願排隊的祕密是加進碗公裡的白色粉末，那是一種毒品！

以上是某部恐怖小說的情節。

難道是漫畫《包丁人味平》（中文譯名為妙廚師）裡的黑色咖哩飯的翻版嗎？拉麵的售價連成本都不到！不愧是恐怖小說，一看到放進拉麵碗裡的麩胺酸鈉粉末（味精），我馬上就瞭然於心了。

話雖如此，成為書中拉麵店的原型店家，每天都有大批上門光顧的客人，排隊的人龍絡繹不決。而且這樣的好光景不僅持續了1、2年。因為工作的關係，我每個星期都會路過那間店，已經7年了，我從來沒看過店門口沒有人在排隊。

就算是以前蘇聯的民眾排隊領配給品，也不至於排到這種程度吧？姑且不提神祕的白色粉末，會有那麼多人排隊，我覺得不是用「就是受歡迎」一句話就能交代過去的。

經過我明查暗訪，我的結論是祕密就隱藏在腦的接收器（考察的結果彙整在P279的『為什麼那間拉麵店會大排長龍？』）。

拉麵和「科學」很難扯得上邊。

說到拉麵給人的聯想，不外乎吃了暖心也暖胃的幸福感；吃到碗底朝天，感受到心滿意足的幸福感；還有一群人排排坐，同時埋頭吸麵喝湯的趣味感。雖然只是一碗麵，帶來的幸福卻是如此巨大。

如果用科學的觀點將拉麵拆解再加以分析，拉麵不過是「以醣類和蛋白質為主要原料，浸泡在含有胺基酸和核酸的氯化鈉溶液的黏結組織」。

看到「不過是」這幾個字，我相信很多人一定心裡覺得不是滋味。

一旦拉麵被打回最原始的物質原形，就很難將之視為幸福的化身了。

不過，拉麵本身倒是相當符合科學精神的產物。讓中華麵（油麵）之所以為中華麵的「鹼水」，其實是一種以碳酸鉀與碳酸鈉為主體的化學物質，搭配胺基酸和核酸，可以發揮相輔相成的作用，孕育出更美味的湯頭。

拉麵的從業人員們，不論做的是名店的現煮拉麵，還是在超市出售的袋裝拉麵，都是基於滿足顧客的胃，在碗裡投注微小幸福的初衷。而科學便是在無形中支撐這份幸福的幫手。

本書以拉麵製作者的角度為出發點，將拉麵解體並以科學的眼光加以分析，希望能藉此掌握幸福的結構。

因此，「為什麼當我們吃拉麵的時候會感到幸福？」理所當然成為本書的主題。

如果各位願意奉陪，就是我最大的福氣。

本書的菜色

1

拉麵的味道好壞由「鮮味」決定嗎？

除了大排長龍，有些店家更已培養出一群狂熱程度堪稱信徒的忠實顧客。拉麵店百家爭鳴，數量多如繁星，為什麼有些店家能夠脫穎而出，吸引大批人潮朝聖呢？話說回來，拉麵的魅力究竟是什麼呢？為了探索這個謎團，我實際走訪話題名店，透過自己的親身體驗，一嘗究竟，另外也請教了味覺科學方面的權威。這趟追尋拉麵的魅力之旅，改變筆者以往對「鮮味」的認知，究竟其真面目是什麼呢？總之，以科學角度剖析拉麵的魅力之旅，即將從這裡展開。

◎拉麵業界常說的「〇〇系」是什麼？◎

吃拉麵的時候，要我開口說出「好吃」兩個字很難。

已經是快要20年的陳年往事了。那時候，公司裡有個同事是拉麵狂。我明明沒開口問他，他卻主動叨叨絮絮地聊起拉麵經。什麼拉麵的家系如何、熊本的豚骨拉麵的特色是加了麻油、節系的小魚乾系是雙湯頭云云。

（系是什麼意思啊？沒聽過。）

拉麵也分系？說到「〇〇系」，我能夠想到的是太陽系、母系，從沒聽過拉麵也分系？

為了配合他的話題，我說我家附近也有一間好吃的拉麵店。我才說出店名，他馬上嗤之以鼻地笑了。

「那種店根本不是拉麵店。」

那種店？拉麵就是拉麵好嗎！我哪裡說錯了！

即使到了今天，回想起對方當時的反應還是讓我耿耿於懷。所以，我不願輕易開口讚美的原因是，如果我稱讚這碗拉麵好吃，不曉得有誰會在那裡嗤之以鼻，暗地笑我。

現在的拉麵市場發展到什麼地步呢？

稍微調查一下，立刻發現被冠上「○○系」的拉麵種類多到不勝枚舉。我也不知道這麼多的種類，是什麼時候開始增加的。

稍微列舉幾個的話，包括以橫濱的吉村家為濫觴的家系、從三田的拉麵二郎本店分出去的二郎系、在碗裡加入分別熬煮的豚骨和魚貝湯頭所合而為一的雙湯頭的青葉系、沾麵先驅的大勝軒系、味道甘甜濃郁的麵屋武藏系等以店名為區分的各個派系。每個派系當中，又可分為學徒得到店主的許可後，打著本店的招牌自立門戶的店、仿效自己心儀的拉麵店（稱為致敬系）、引進流行元素、加盟店、公司化之後，同一集團採取多品牌經營等，分類相當複雜。所以，即使提到單一的○○系，也無法一言以蔽之。

另外，也有「系」是依照味道和製作方式分類。依照湯頭的種類分為雞白湯系、背脂cha-cha系，還有煮干系（2種以上的小魚乾熬煮而成的湯頭）、節系、牛骨系。以上列舉的不過是其中的一小部分。

現在的拉麵界可說是大行「系」道。

光是系就讓人頭昏腦脹了，殊不知還細分成「流」。

連我家附近的拉麵店，招牌也用毛筆字寫著「△△流」，好像在演時代劇。

◎讓人陷入拉麵成癮症的拉麵店◎

某棟大樓的細長形入口處出現了呈U字形的長長人龍。也有人帶著孩子一起排隊。年齡層很廣泛，除了年輕人，也有情侶檔和中年夫婦。共通處是大家都不發一語默默排隊。我數了一下，人數超過40個。此刻的時間是早上9點20分。距離11點的開店時間還有1個多小時。

看著長長的隊伍我心裡思索著。

（喂！喂！這麼多人都是為了拉麵店在排隊嗎？）

雖然我完全搞不清楚這是怎麼回事，總之我也跟著排隊了。因為有人邀我。邀我來的朋友比我來得早多了。因為隊伍排成U字形，我們剛好在人龍中發現對方。

排隊排得很誇張欸，排隊的人數比我之前聽說的還要多。

「我知道的拉麵店中，這間算是宗教色彩最濃的吧！」

宗教色彩？

「因為只有信徒才會狂熱到就算吃壞身體還是想吃。」

拉麵也有信徒？吃到身體壞掉是怎麼回事？

「因為這裡的拉麵非常重口味，很鹹！」

原來是重口味？味道非常鹹？如果Kaeshi（未經稀釋的拉麵調味醬汁）放得毫不手軟，那已經超過很鹹的等級了吧。

「反正腸子會蠕動嘛，為了排出體內多餘的鹽分。」

說的是什麼話啊？我們現在聊的是拉麵，是可以吃的東西吧？

「老實說，因為味道太鹹了，鹹到我都不知道自己吃的是什麼。」

這樣你還吃？

「因為上癮了吧。」

怎麼會？

「因為我也是信徒。」

你們是拉麵的鹽，鹽若失了味，可用什麼使它再鹹呢？（註：原文是你們是地上的鹽，鹽若失了味，可用什麼使它再鹹呢？出自於《馬太福音》。）

「拉麵的味道每天都會進化，所以信徒們都是抱著一期一會（一生只有一次）的精神對待每一碗拉麵。店開了差不多3年，不但換地方了，店主還搞失蹤。」

據說以前的店開在大樓裡面，一個類似倉庫的地方。

現在呢……已經有像樣的店面了。

「每次來常常都有新發現呢！我想我們跟隨的就是店主的信念和身為男人的氣魄吧。」

這位店主聽起來走的是積極大膽的路線。

這裡賣的拉麵和我知道的拉麵不一樣。

我知道的拉麵，都是在同一個地方開店，保持同樣的味道，一開就是幾十年。所謂的拉麵就是這樣。

而且菜單幾乎是數十年如一日，頂多夏天多了中華涼麵，冬天加賣味噌拉麵。湯頭不是雞骨就是豚骨，或者在這兩樣裡加了昆布；如果是豚骨，就花上大把時間燉煮豬骨，煮到湯色一片白濁。東京風的做法是用小火煮到湯頭變得澄澈，避免煮到沸騰。滷過叉燒的滷汁就當作增加湯頭鹹度的調味料，以湯頭稀釋。湯頭的基本概念是，只要決定好大方向就不會再更改了。以豚骨拉麵為主打的店家，之所以也會推出醬油口味和味噌口味，說穿了不過都是同樣的豚骨湯頭，只是再以醬油或味噌調味罷了。

但是這裡不一樣，湯頭的內容以上皆非。

「我之前吃過海星拉麵呢！」

海星？

「吃了喉嚨有刺刺的感覺呢。」

那……吃了真的沒關係嗎？

「皂素（含於海星等海洋生物的化合物）好像對喉嚨很好，可是難吃死了。」

據說這間店平常的湯頭，不是用豬骨加雞骨，就是以小魚乾和柴魚片為底，再加上大量的干貝和羅臼昆布等食材。光用這些食材，熬出來的湯頭就非常美味了。換句話說，只要直接品嘗端上桌的拉麵，味道就十分美味了。但是信徒們卻刻意加入大量的調味醬汁。不用說各位也知道，拉麵會變得非常鹹。

「我們是為了修行。」

修行？吃拉麵是一種修行？你說的是拉麵沒錯吧？

說到為什麼非得把拉麵搞得很鹹，據說是因為店主的父親以前做的拉麵就是這種味道。對信徒而言，他們吃的是充滿回憶的味道，已經超越好不好吃的層次了。換句話說，信徒們想要追尋並體驗的是昔日的味道。

「今天不是特別版的嗎？特別版拉麵。」

特別版拉麵只有假日推出。用料不惜成本，不論怎麼算，為了製作這樣的湯頭注定賠本。所謂的特別版拉麵，就是用一些異想天開的食材，熬出非常濃郁的湯頭。

至於有關我們當天排著隊，準備進店大快朵頤的拉麵，店主老早已透過官方部落格預告。預告內容是〈大量的蛤蜊！投入18公斤的蛤蜊，胡搞瞎搞！另外使用高達3公斤的昆布熬湯。堪稱與文化日最速配（？）的超豪華湯頭〉。

3公斤的昆布？

18公斤的蛤蜊？

瀏覽了店主的部落格之後，我知道至今推出過的特別版拉麵包括海鰻、螃蟹、螺、松葉蟹、蠑螺、鱉、大閘蟹、夜光螺、扇貝、象拔蚌、番茄搭配南瓜（？）。用這些食材到底要做什麼呢？啊，是拉麵呢！但是怎麼有人會在拉麵裡加海鰻呢？

排在我後面的人，在電話裡告訴別人「我已經排了2個小時又20分鐘。」

原來這裡就是拉麵狂的迪士尼樂園啊！

◎等到天荒地老的「著丼」◎

等到11點過了一大半，終於輪到我了。

比我先進店的朋友剛好從店裡出來。

你、你還好吧？

我怎麼覺得朋友的臉快要漲破的感覺。

「我、我還好。啊～鹽分真的是……咳咳。」

因為是在修行嘛。

「對了，我差點忘了提醒你，如果點大碗麵就是2球麵，點特大碗就是3球麵喔。」

不用了，我只要點普通碗就好了。我吃不下那麼多。重點是味道如何？好吃嗎？

「嗯，我也不知道對非信徒而言味道如何耶。對我們這種忠實信徒來說，評語當然是好吃囉。結論就是如果你是信徒，就會覺得好吃。」

……有說和沒說一樣。

我懷著戒慎恐懼的心情踏進店裡。

隔著小巧精緻的吧檯，一對老夫婦在內場裡忙碌地工作。店主笑咪咪地告訴常客「如果點大碗，湯頭就會不夠呢！」卻不曾停下手邊的工作。

待在這樣的店裡，應該會讓人有賓至如歸的感覺吧。

以前我曾光顧一間看起來處處講究、規矩很多的拉麵店，店家連吃法都一再出言指點，讓我覺得很不開心，為什麼我要花錢受氣呢？

當我心裡正想著「要成為一時的排隊名店不難，但若要保持永遠門庭若市的盛況，店主的人品果然不一樣哪！」我的拉麵送上桌了。

好拉麵此道的人，通稱為拉麵宅（Rawota）。他們把拉麵送上桌的這個動作稱為「著丼」。

◎拉麵宅用語的基本知識◎

我在供拉麵迷互相交流的網站和食Blog的用餐評論第一次看到『著丼』這個詞的

時候一頭霧水，但多看幾次就懂了。語言本來就是因應需求而產生新詞彙。

拉麵宅界的用語還真不少，舉例而言，他們把走訪其他縣市的拉麵店稱為『遠征』。一天或幾天之內，接連好幾餐都吃拉麵的行為稱為『連食』。開店前已經有人在排隊稱為『Shutter-suru（捲門）』，加入排隊的隊伍稱為『接續』。

美食節目中把食物全部吃完稱為完食，拉麵的話稱為『完飲完食』。把拉麵的湯全部喝完稱為『全汁』。把麵條沾裹湯頭，能夠一次吃到大量湯頭的吃法叫做『含湯率好』。

如果運用這些拉麵用語來寫文章，大概可以完成以下這樣的範例：

「利用睽違已久的休假，我遠征到東京，在得到TRY新人賞的A店和B店連食，然後到了壓軸的C店。我看到Shutter-suru的人差不多有10個，趕緊接續，很可惜沒辦法在第一輪進場。我在售票機點了店家推薦的『天醬油蕎麥麵』，加點了溏心蛋。點餐後，我環顧店內的環境，欣賞漂亮的裝潢，8分鐘後著井。使用日本國產小麥的自家製中粗麵，搭配使用整隻雞熬製的湯頭；含湯率的表現很棒，超級好吃（Umaumax）。全汁，完飲完食。我決定下個月的休假再來一趟！」

就好像食物回購一樣（用Umaumax來形容也太誇張了吧。不好意思，是我管太多）。

規模發展到一定程度的集團或群體，會使用行話和專門術語是必然的趨勢。當然，就算不熟悉這些行話和專門術語也不會怎麼樣。

◎實際和想像有出入，是沁人心脾的細緻味道◎

送上桌的這碗拉麵，碗裡的肉片多到要滿出來。湯頭是混濁的茶色，看得出來有許多食材溶入其中。

首先，我舀了一匙湯頭，一口下肚之後，我的手停下來了。

我喝的這是什麼啊？

湯頭的滋味和外表完全搭不起來。我原本以為味道會更粗糙，結果完全相反。湯頭下肚之後，慢慢地沁入脾胃，擴散到全身。

喝得出一股濃郁又有深度的貝肉味道，應該是蛤蜊高湯吧！

說到以貝類熬成的湯頭，我之前只嘗過海瓜子味噌湯和西式的蛤蜊濃湯。這麼濃郁的貝肉滋味還是第一次吃到。如果打個勉強的比喻，就像吃完海瓜子義大利麵後，殘留在盤子裡的湯汁吧。整體的味道偏鹹，貝類的味道很濃又有油脂。貝肉高湯再與拉麵的豚骨湯頭混合，交織出一種全新體驗的醇厚鮮味。

這個好吃。

只要願意，店家應該熬得出更清澈的湯頭吧。但是這裡是拉麵店，貝類和豚骨的混搭，醞釀出世上獨一無二的拉麵。

※店長表示「請讓我平靜地度過餘生」。所以有關店名，請容我保留。

◎拉麵雖然需要指南……◎

什麼樣的拉麵才稱得上好吃？

拉麵店的數量多如天上繁星。數量過於龐大的關係，如果沒有指南當作參考，根本不知道從何下手。

以東京的拉麵店為例，拉麵比賽『ＴＲＹ拉麵大賞』的得獎店家，算得上是選擇時的參考之一吧。ＴＲＹ是東京年度拉麵（Tokyo Ramen of the Year）的縮寫。這個比賽由情報雜誌《ＴＯＫＹＯ★一星期》從２０００年開始企劃，目前由Mook每年出版一次（我在執筆時，也同時翻閱２０１７～２０１８年度版。由講談社發行）。

ＴＲＹ的選拔並不接受店家的報名，而是由8名評審親自造訪並品嘗坊間的拉麵店，從中選出得獎的店家。比賽採得分制，第一名為10分、第二名為9分、第三名為8分……，得分最高的店家就會成為該部門（依醬油、鹽、味噌、豚骨、ＭＩＸ、乾麵、雞白湯等種類，分別選出新人賞、種類有些難以歸類的名店、以總計分數決定名次的ＴＲＹ大賞）的冠軍。

評審都是常出現在電視螢光幕的拉麵評論家，例如石神秀人、大崎裕史等，另外，也包括已走訪拉麵店２０００間（！）的石山勇人和曾獲日本電視冠軍拉麵王的青木誠等人。

說到拉麵世界的驚人之處為何，首先是吃下的數量。

檔次和我們平常人完全不同。

專為拉麵狂而彙整了日本全國拉麵店網站『Ramen database』的大崎裕史先生，據說光顧過的拉麵店超過1萬1千間，吃下的碗數高達2萬3千碗。這根本是一般人望塵莫及的程度。

老實說，拉麵並不是我這個只吃過幾十間的人有資格插嘴、大放厥詞的領域。評論拉麵的高低優劣，不論就資歷、輩分，還是能力，我都不具資格。正因為拉麵的世界浩瀚無窮，對每個人而言都是熟悉的存在，所以我只能另闢蹊徑，從不同角度深入⋯⋯。

即使如此，光是2017～2018年度的TRY賞介紹的拉麵就有218碗。為了選出得獎店家，評審們吃下的拉麵份量至少也是這個數字的2倍以上，真是太厲害了。

餐飲情報網站『食Blog』每年都會選出『百名店拉麵TOKYO』。根據其營運總部的株式會社價格.Com公布的資料，進駐食Blog的拉麵店全日本約有5萬間。雖然不知道東京的店家占了多少比例，單純就人口比例計算，應該也有5～6000間吧。換言之，從5～6000間脫穎而出的只有100間。

食Blog的特色是一般消費者也可以發表自己的用餐評論，評比方式分為5個階段。除了評論數與評分的平均值，針對開店不到1年的店家，也會以另外的標準計算一定期間的評論數，最後選出排名前100名的店家。

相較於ＴＲＹ賞，百名店則是由廣大的消費者所評選。兩邊都雀屏中選的店家不是沒有，但大多數的店家只有在某一邊上榜。另外，拉麵同好經常瀏覽的網站『Ramen database』也會發表拉麵排行榜，但是榜上有名的店家，通常也不會出現在ＴＲＹ賞和百名店的榜單。除此之外，電視節目也會發表拉麵排行榜，雜誌也會以拉麵為主題，製作特輯。

以星級評分知名的米其林指南，也出現了拉麵店。『Japanese Soba Noodles 蔦』在２０１６年、『鳴龍』在２０１７年各獲頒米其林一星，也引起廣泛的討論。

大家只要翻開米其林指南或上官方網站就可瀏覽完整得獎名單，除了拉麵店，其他幾乎都是所費不貲的高級餐廳。區區一介拉麵店，居然可以和出入的都是王公貴族、社會名流的高檔餐廳平起平坐，實在大快人心。

此外，米其林也會公布沒列入星等，但價格在日幣５０００圓以下的「必比登推介（Big Gourmand）」。２００７年被必比登推介列入名單的拉麵店，光是東京地區就有27間。

光是要走訪上述各個排行榜名列前茅的店家，就已經是天文數字了。

◎試著請教鮮味專家◎

為了掌握拉麵的好壞，吃得愈多懂得愈多的想法並沒有錯，但實際執行起來卻相當困難。

每個人的評價基準都不一樣，有人以嶄新有創意為優先，也有人認為保持完美的平衡感最重要。但只要是食物，最重要的基本原則還是味道。

什麼樣的拉麵才稱得上美味呢？

拉麵的湯頭使用了各式各樣的食材。以動物性食材而言有豬骨和雞，最近也出現使用牛骨的店家。除此之外再加入柴魚和小魚乾，應該是基本作法吧。不過，針對那碗我排了好久的隊才吃到的特別版拉麵，到現在我實在很納悶怎麼會如此美味。

即使是最基本的湯頭，起碼也加了柴魚和小魚乾、昆布、豬骨、雞和蔬菜等，而我吃到的特別版拉麵，還加了超乎想像的大量蛤蜊。雖然感覺湯頭的味道應該會變成大雜燴，一定難以下嚥，沒想到卻是超乎想像的好味道。

換句話說，只要材料的數量愈多、種類愈豐富，熬出來的湯頭就會愈美味嗎？

到底拉麵的鮮美滋味從何而來呢？

◎鮮味令人意想不到的效用◎

NPO法人鮮味資訊中心，是一個為了推動大眾對鮮味產生正確認知的團體。首先要推廣的正確認知，意即鮮味也是基本味覺之一。

我拜訪了辦公室所在的某棟大樓。負責接待我的是理事二宮久美子女士。

在後面會提到有關拉麵與健康的部分，讓我受益良多的東大的加藤先生，向我介紹了二宮女士。他告訴我「鮮味的事，我想她大概是全世界最清楚的人吧。」二宮女士本身也是農學博士。

「我想一定有人會好奇，增加對鮮味的了解有什麼好處？懂得靈活鮮味的妙用，就可以減少鹽的用量。雖然鹽少了，但美味不變；動物性油脂、鹽和醬油等調味料也可以減少用量，但吃起來一樣美味」。

對鈉鹽攝取過量已成為健康隱憂的現代人而言，不啻為一大佳音。鹽分減少了，鮮味卻不打折扣。

感覺鮮味的器官是舌頭。舌頭具備感受麩胺酸的受器，當受器沾附了鮮味的成分，就會把信號傳送到腦部，使其感受到鮮味。腦部一感受到鮮味，會促使唾液和胃部黏膜分泌，準備開始消化。

「舌頭感覺到鮮味會分泌唾液，重點是這時分泌的唾液和我們吃到酸的食物時，分泌的唾液不一樣。」

原來唾液有兩種。一種是質地清爽的漿液性唾液和黏稠的黏液性唾液。吃檸檬時所分泌的唾液是漿液性唾液；受到鮮味刺激而分泌的是黏液性唾液，含有黏液素，也就是山藥等黏稠的成分。

「鮮味停留在舌頭受器的時間，比其他成分更長。它的持續性非常久。就像吃了拉麵，味道會一直留在舌頭，那個味道就是鮮味。我們在味道持續的這段時間，會一直分泌唾液。唾液可以防止口中變得乾燥。」

因為鮮味刺激而促進分泌的唾液，可以改善高齡者的味覺障礙。

造成味覺障礙的原因包括腦部障礙、牙周病、口腔黏膜疾病等。唾液的分泌量下降過度會引起口乾症。所謂的口乾症是一種因唾液減少造成口中乾燥，最後失去味覺的疾病。

日本東北大學大學院齒學研究所的笹野高嗣教授等學者，曾經針對味道與唾液的分泌關係進行調查。

人的味覺有甜味、鹹味、苦味、酸味和鮮味5種。

其中的甜味、鹹味、苦味3種味覺對唾液量的增加幫助不大，酸味和鮮味則不一樣。

當我們在吃像檸檬這樣酸酸的東西時，會促進唾液分泌。酸味可以促進唾液分泌，但是效果維持的時間很短，大約15分鐘就結束了。

鮮味和酸味一樣，會促進大量的唾液分泌。分泌量幾乎和酸味一樣，差別在於唾液量在15分鐘後仍持續上升，過了一段時間才開始下降，整個過程可持續22分鐘。

換言之，鮮味可長時間促進大量的唾液分泌。所以能夠發揮改善口乾症（＝味覺障礙）的效果。

笹野高嗣教授等學者曾經讓口乾症的患者頻繁飲用稀釋過的昆布茶（為了避免攝取過量的鹽分，稀釋成3倍），冀望能改善其症狀。

「不使用藥物，而是以攝取含有鮮味的食物來改善口乾症，而且連帶改善了味覺障礙。我目前正在努力的，就是推廣鮮味的功用，希望不僅在日本，連海外也廣泛受到重視，進而讓大家的飲食生活變得更健康。」

◎鮮味的美味魔法機制是利用乘法◎

吃美食會使人分泌口水，口水的出現源自於鮮味。換言之，「鮮味強的食物＝好吃」但果真如此嗎？

「鮮味並不是愈濃愈好，太強烈的話會引起人的反感。就像餘味久久不散，會讓人覺得很煩吧。」

二宮女士表示「保持均衡的比例還是最重要的吧！」

「吃了一碗拉麵之後，是否感到意猶未盡，下次還想再度光顧，關鍵就取決於比例是否均衡吧。如果，過了很久還是感覺得到拉麵的味道，應該就不會想再吃了。」

鮮味最具代表性的成分之一是麩胺酸。這是一種製造蛋白質的胺基酸，含於昆布等食材中。也就是所謂的化學調味料（鮮味調味料已成為目前的正式名稱，以下稱鮮味調味料）的主成分——麩胺酸。

柴魚所含的成分是肌苷酸，為製造DNA等的核酸之一。

進行醒肉步驟之後的熟成肉，鮮味成分較之前增加許多，所以變得更好吃。

「肉在熟成的過程中，ATP（相當於使肌肉活動的燃料）會轉變為肌苷酸，裡面也含有胺基酸之一的麩胺酸。」

◎在海外的認知度也逐漸普及的全新味覺「UMAMI」◎

鮮味在2000年得到國際上的認定。邁阿密大學的喬德里教授等學者發現了味覺細胞對麩胺酸的受體；目前，UMAMI已被廣泛接受為第5種味覺。在此之前，鮮味頂多被視為一種甜味而已。

鮮味這個名稱，是由1908年從昆布萃取出麩胺酸鈉的東京帝國大學的池田菊苗博士所命名。到了1913年，池田博士的弟子小玉新太郎博士成功萃取出肌苷酸；1953年，Yamasa醬油研究所的國中明先生發現鳥苷酸（乾香菇等食材的鮮味成分）

也屬於鮮味成分，以及鮮味的相乘效應（後述）。

日本人對鮮味的研究可說是獨步全球。換個角度來看，在邁入21世紀之前，關注鮮味的只有日本人。

其他國家的人難道不知道鮮味的存在嗎？

「只要是人都一樣，當然吃得出來。差異在於，其他國家的人雖然也具備鮮味的受體，但是缺乏用來表達的詞彙，所以不知道它的存在。我想很多人都沒有發現它的存在吧。」

在海外拓點的拉麵店，目前在當地也掀起大排長龍的熱潮，所以歐美人士不可能不知道鮮味為何物。只是因為無法翻譯，所以直接稱之為UMAMI。那麼，為何唯獨日本人會創造出『鮮味』一詞呢？

「放眼全世界，大概找不出有哪個國家的飲食比日本更頻繁接觸鮮味了。例如日本的高湯，基本上就是集鮮味之大成的液體。大家都知道，西式高湯的作法就是加入肉類和蔬菜等食材熬製而成吧？肉類和蔬菜的各種胺基酸都溶在湯裡了，滋味非常複雜，其中也包含鮮味。」

可能很多人會混淆，但胺基酸並不等於鮮味。

鮮味的基本成分有3種。

第一是麩胺酸，屬於胺基酸之一。

其次是含於柴魚和肉類等食材的肌苷酸，屬於核酸之一。

第3種是鳥苷酸，也是核酸之一，含於乾香菇中。

這3種之外，也發現了含於貝類的單磷酸腺苷和琥珀酸，以及從蘆筍發現的天門冬胺酸等。

「如果說日本的柴魚昆布高湯相當於西式高湯（Stock），那麼日本的高湯實在非常特別。日本的昆布高湯成分很單純，只有麩胺酸和天門冬胺酸。」

麩胺酸是自然界中含量最多的胺基酸，也是我們人最容易吃得出來的鮮味，含於各種食材中。

「從柴魚加昆布第一次萃取出的高湯，還多了肌苷酸。」

另一方面，法式的雞肉清湯和中華料理的湯頭含有的胺基酸種類非常豐富。每一種胺基酸各含有不同的甜味和苦味，味道混合在一起，交織出複雜的滋味。

昆布高湯

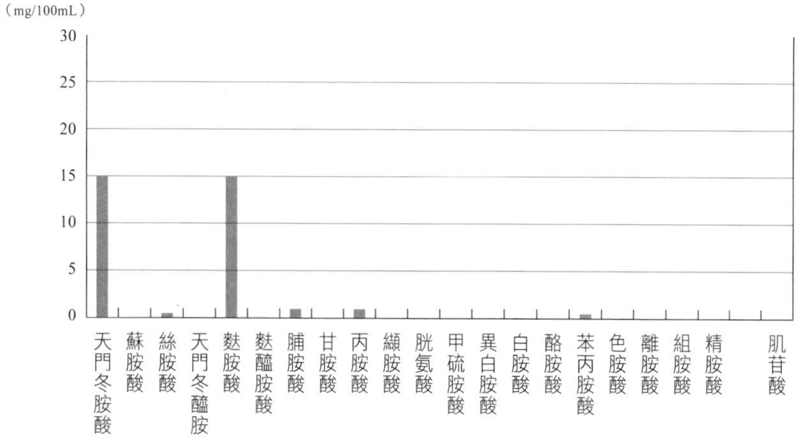

第一次萃取的高湯※

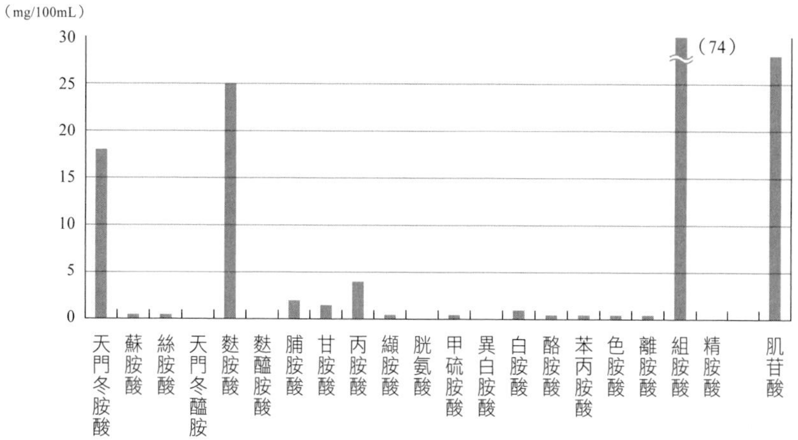

※第一次萃取出來的高湯含有大量來自柴魚的組胺酸，帶有微微的酸味。

分析協助：味之素株式會社 資料提供：NPO法人鮮味資訊中心

法式雞湯

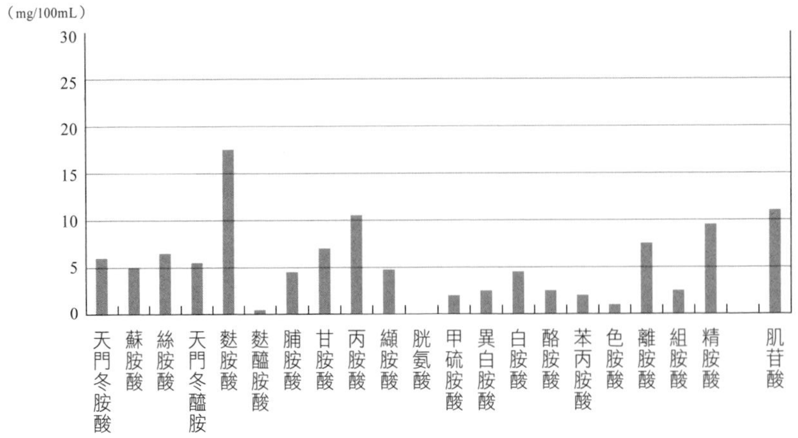

上湯

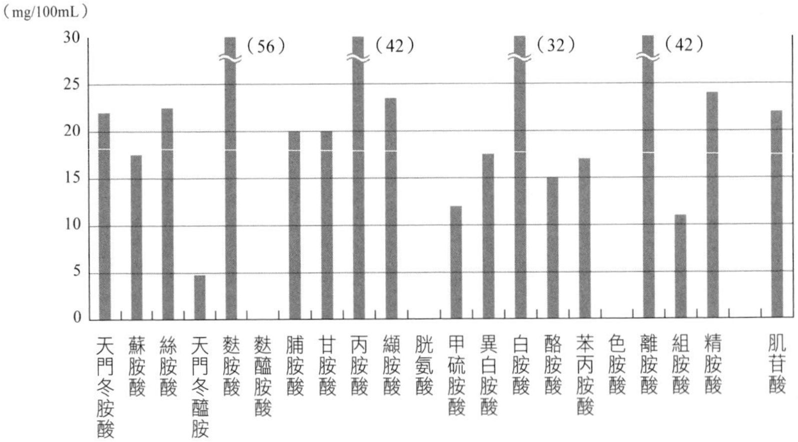

相較於法式雞湯和上湯含有相當多種胺基酸的組合，昆布高湯和柴魚高湯的胺基酸組合則是驚人地單純。

資料提供：NPO法人鮮味資訊中心

「日本的高湯很單純，只有鮮味的成分，所以日本人一喝馬上就知道是鮮味。但是其他國家的人很少品嘗單純的鮮味，所以我覺得必須有人讓他們知道。」

像昆布和柴魚這種專門含有鮮味的食材，似乎放眼全世界再也找不到了。

「我去了很多國家，沒看過有哪個國家會使用這麼陽春的高湯。但只要加上味噌和醬油，就可以補足胺基酸的種類。」

日本對鮮味的研究之所以如此發達，原來都是托昆布和柴魚之福。

「距今已經是超過10年的往事了。我去法國的時候，請法國主廚試喝高湯，結果他對昆布高湯的評語是『有海腥味』『沒有味道』；用昆布和柴魚第一次萃取的高湯是『有魚腥味』。但是現在這麼覺得的人減少了。隨著對日本料理的熟悉度增加，他們也能接受湯頭加了小魚乾熬煮的拉麵了。應該是習慣這個味道了吧！」

不論什麼事情，只要習慣了就沒問題。

◎利用「鮮味的相乘效應」，使鮮味提升好幾倍！◎

日本的高湯基本上只有昆布和柴魚這兩樣食材。為什麼只有這兩樣？因為這兩樣是無敵組合，能夠創造非常美味的湯頭。

「和單獨使用麩胺酸相比，搭配肌苷酸一起熬煮出來的湯頭，鮮味可多達7～8倍。」

即使多了7～8倍，或許對有些人來說還是沒什麼概念。如果以鹽當作比喻，等於原本的1匙鹽會變成7～8匙，味道應該會變得非常鹹。

「為了確認兩者的差異，會進行官能評價。就像嗅覺靈敏度遠超於常人的調香師一樣，有些人也會接受提高味覺靈敏度的訓練。進行評價時，會聚集好幾十位味覺靈敏的人，讓他們比較單獨使用麩胺酸的味道，和混合肌苷酸的味道有何不同。」

比較後，得到的結果是相差7～8倍。當麩胺酸和肌苷酸的比例為1比1時，鮮味能夠得到最大的強化。

麩胺酸、肌苷酸的比例和鮮味的強度

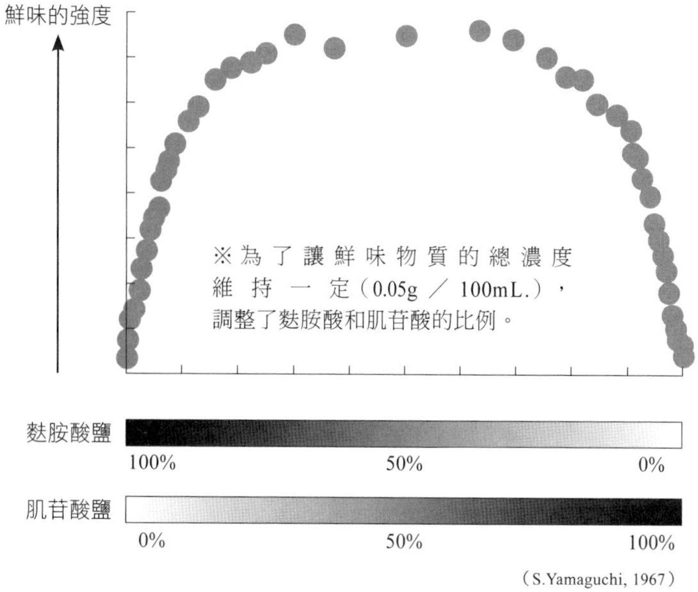

鮮味有相乘效應。當麩胺酸和肌苷酸的比例為1比1時，鮮味的強度最強。
資料提供：NPO法人鮮味資訊中心

雖然都屬於昆布和柴魚，其實這兩種食材的種類非常多元。那麼鮮味的含量是不是也不一樣呢？

「每一種昆布的麩胺酸含量都不一樣。日本家庭一般最常使用的日高昆布，麩胺酸的含量很低。相較之下，日本料理店使用的利尻昆布和羅臼昆布，麩胺酸的含量就高多了。」

即使是同樣種類的昆布，鮮味的量也會依照萃取方式而異。

那麼，從昆布萃取出最

多麩胺酸的方法是什麼呢？

「我接觸了許多位日本料理廚師才了解到一件事，高湯的萃取沒有一定的方式。」

每間店各有巧思，所以沒有固定的規範。

以下以京都的料理店為例，為各位介紹萃取高湯的方法之一。

使用的昆布是利尻昆布。質地堅硬，要熬出高湯較費時。

首先以60度加熱1小時。

沒有出現難聞的味道，也沒有黏液。

「這是京都的料理人士合力研究，大學也給予協助所得到的結果。」

以上是使用利尻昆布的結果。以同樣的方法再試一次，只是把昆布換成了日高昆布，結果出現了很濃的腥味。

「也可以用浸泡的方式萃取，也就是把昆布放進水裡。如果採用這種方法，我想不論用的是哪一種昆布，都不會出現討人厭的味道。」

◎為了使拉麵變得更好吃◎

前面已經提過相乘效應會使鮮味增加，而高湯的萃取量也深受萃取方式的影響。不過，最近的拉麵除了肉類或魚類再加上昆布的基本湯頭，也使用貝類和魚粉等，甚至還有魷魚等令人意想不到的食材。但使用的食材增加，美味是否也跟著加倍呢？

「最重要的原則是比例不能失衡。我也曾在海外的廚藝學校請人製作含有鮮味的料理，結果做出來的料理，混合了起司、番茄和其他各種食材。種類太多果然不行，因為會覺得膩。除了要與鹹味、酸味其他味道取得協調，也要考慮香氣的問題。」

西式料理和中華料理的特徵是從食材萃取出所有的成分。總之先釋出所有的成分，再以香草掩飾多餘的異味，或者以過濾的方式剔除。如果要熬湯頭，就讓湯汁更濃縮，愈濃愈好。

相較之下，和食是先有高湯，而且質地比西式料理稀得多。特徵是只萃取出必要的精華，之後再加入味噌和醬油以補充胺基酸的種類。

「相較於西式料理和中華料理，和食的水分最多，大概高達80％。光是白飯就有大約60％是水分。」

中華料理的水分含量大約是70％，西式料理僅有60％左右。和食的水分多，換言之，也就是鮮味容易擴散的料理。

「大家都知道有些拉麵店會加業務用的高湯包吧？其實那種高湯包一開始會帶有蔥等食材的香氣。把高湯包冷凍起來，油脂會浮現在上層。拿掉油脂之後，下層就是西式料理的清湯了。」

換言之，香氣的成分會溶入油脂，幾乎所有帶有香氣的成分都會溶於油脂。說到日式高湯中溶於水的成分就是柴魚和昆布。

「以拉麵而言，日本料理中沒有的香氣成分會溶於油脂中，所以味道才會因此變濃厚吧。」

分別熬製肉類高湯和和式高湯再混合成W湯頭的店家愈來愈多，理由便在於香氣。

熬製豬骨等肉類高湯時，採用西式料理的手法，徹底熬煮，把食材的成分抽取殆盡。但是柴魚和昆布等和風高湯，則是用「萃取」的方式。長時間熬煮的話，香氣就會蒸發流失。

拉麵上桌前，通常會淋上一圈雞油或蔥油之類的香味油。為了補充湯頭的香氣，這麼做是效果很好的方法。

◎番茄是新崛起的鮮味食材◎

說到日本代表性的鮮味食材，首推柴魚、昆布和小魚乾。原本是中華料理使用干貝等乾貨，現在也成為熬製拉麵湯頭的食材。除此之外，是不是還有一些尚未為人所知，但潛力十足的後起之秀呢？

「來日本學習日本料理的外國廚師，首先學的就是萃取高湯的方法。我發現有不少來學日本料理的外國廚師，經常使用風乾番茄。」

風乾番茄？

「番茄的麩胺酸含量位居蔬菜之冠。有人會把番茄曬乾，像日本萃取高湯一樣，萃取出番茄的鮮味。除此之外，也有人會用乾燥的牛肝菌，還有帕瑪森起司。生火腿的鮮味含量也相當高。」

經過長時間熟成的硬質起司，隨著蛋白質逐漸分解，胺基酸（尤其是麩胺酸）的含量會明顯增加，更添鮮味。

「以個別的食物種類而言，說不定帕瑪森起司含有的鮮味成分最多。我知道有些美國廚師把帕瑪森起司外層的皮切下來，當作高湯的材料使用。」

方法是把帕瑪森起司的皮熬煮至湯汁轉濃。

據我所知，使用番茄熬湯頭的拉麵店出乎意料得多。以東京而言，以前位於新宿的『RESTAURANT白龍』的「番茄拉麵」就頗有名氣；惠比壽的『九十九拉麵』推出的「番茄起司拉麵」，即是該店的熱賣商品。2017～2018的TRY拉麵大賞中，奪得「名店乾麵部門」的『ajito ism』的「披薩拌麵」，就是以蔬菜和番茄的醬汁為底，再裹上濃郁的起司，是一道讓人欲罷不能的美食。

拉麵搭配番茄，是一點也不突兀的組合。兩者相輔相成，等於是鮮味與鮮味、味覺與味覺的幸福結合。

◎鮮味到底是什麼味道？◎

說了這麼多，如果有人再次問我鮮味是什麼味道，我可能會一時詞窮。因為鮮味和其他味道不一樣，平常很容易忽略它的存在。

鮮味資訊中心準備了簡單的鮮味體驗道具。作法是讓人品嘗好幾種高湯，體驗什麼是鮮味。

準備的材料包括：

- 風乾番茄
- 濃度為2％的昆布高湯（利尻昆布）
- 蔬菜高湯
- 蔬菜高湯＋鮮味調味料
- 濃度為3％的柴魚高湯（本枯節）
- 帕瑪森起司

「請先喝一點水潤嘴，再把風乾番茄含入口中。」

我依照指示做了。

「請仔細咀嚼約20次。」

番茄籽居然有味道……而且愈咬愈有味道。一開始是酸味，後來就消失了。

「吃得出來番茄的滋味由酸味、甜味、苦味所組成吧？……已經沒有了吧？」

沒有了，我全部吞下去了。

「有沒有覺得舌頭上好像被什麼東西覆蓋住了？」

舌頭？有有有。

「那就是鮮味。」

這個就是？和我原本想像的味道完全不一樣。

這個可以算是味道嗎？

「如果不講根本不會發現吧？」

鮮味的體驗道具。藉由比較利尻昆布的濃度為2％的昆布高湯、蔬菜高湯、蔬菜高湯＋鮮味調味料、本枯節柴魚濃度為3％的柴魚高湯、帕瑪森起司、風乾番茄，實際以舌頭體會何謂鮮味。

原來這就是鮮味啊。與其說是一種味道，不如說是味道的基底。如果這就是鮮味，那我確實不曾感到受它的存在。

「我在世界各地都做過這個測試，做了以後，連外國人士都吃得出來。這個感覺會成為基本的味道之一。他們都會說如果是這種感覺，能夠體會得出來。」

唔，原來我是不知鮮味為何物的日本人。

「鮮味有3個地方和其他4種味覺不一樣，包括鮮味會擴散到整個舌頭、持續時間比其他4個味覺更長，也會促進更多的唾液分泌。」

食物經咀嚼和唾液混合後，會被味覺細胞接收。所以，唾液分泌量過少的口乾症患者無法分辨味道；另外，吃東西幾乎不咀嚼就吞下去的人，也會覺得味如嚼蠟。吃不出味道的話，飽足中樞便無法得到滿足。之所以說吃東西很快的人會發胖（或者說身材肥胖的人大多狼吞虎嚥），原因在於沒有仔細咀嚼就下嚥，會讓味覺細胞的信號無法滿足飽足中樞，導致進食過量。

「知道鮮味是什麼感覺的廚師，決定料理的味道時，也會把鮮味能夠持續多久的因素考慮進去；如果不知道，就會這個味道也加，那個味道也放，最後失去整體的平衡，變得不好吃。」

◎體驗鮮味的相乘效應◎

「請仔細品嘗昆布高湯擴散到舌頭每一處的感覺。」

嗯，味道挺不錯的。

「昆布的比例占了2%，說實話是用料相當大方的高湯。京都的料理店用的高湯就是這種濃度。」

現在是昆布在舌尖上舞蹈的狀態。

「接著請把一半的柴魚高湯加入昆布高湯。」

要我把這個喝下去嗎？

……好好喝。

「感覺味道變濃了吧？這就是相乘效應。請用水稍微漱口，單獨品嘗柴魚高湯的滋味。」

……不好喝，有點酸。柴魚高湯的味道本來就這麼酸嗎？

「不論是昆布高湯還是柴魚高湯，單獨喝的話味道都很淡，感覺很單薄。但混合在一起就變得很美味，這就是相乘效應。」

重新品嘗各別的滋味之後，合體後的高湯，味道果然增加了7～8倍。

「只有紙上談兵的話很難理解吧。」

沒錯，這句話說得一點也沒錯。

◎鮮味調味料只要0.1％就綽綽有餘了◎

有些人非常排斥鮮味調味料，到底它和天然高湯有何不同呢？

「兩者是一樣的東西。」

都一樣嗎？

「昆布含有的麩胺酸和鮮味調味料裡的麩胺酸是一模一樣的東西。」

都是麩胺酸，所以當然一樣囉。

「但是鮮味調味料的用法很不容易拿捏。加太多的話，餘味久久不散；但如果用得好，味道會變得很協調、美味。」

一樣都是昆布，麩胺酸的含量依產地和部位而不同。使用的對象畢竟是大自然的產物，所以嚴格說起來，昨天的昆布和今天的昆布，味道並不是百分之百相同。

「鮮味的濃度每天都略有出入，有時濃一點，有時淡一點。為了調整出自已想要的濃度，鮮味調味料就可以派上用場了。只要用鮮味調味料調整，就不會發生即使去的是同一間店，上次的湯頭很完美，怎麼今天有點淡的問題了。」

原來，鮮味調味料的用途應該僅限於味道的微調。

「就像調味不能只靠鹽，所以也不能只靠鮮味調味料調味。」

那麼，鮮味調味料對鮮味能夠發揮多少的影響力呢？

首先我試喝了只用蔬菜熬製的高湯。

「這種蔬菜高湯是用80度的溫度，熬煮了青花菜、洋蔥、紅蘿蔔、西洋芹、芹菜、蘑菇20分鐘而成。熬煮的溫度低，而且時間短，所以萃取出來的麩胺酸不多。食鹽的濃度也只有0.3%，味道非常淡。」

味道淡得和水沒有兩樣，也喝不出蔬菜的甘甜，倒是喝得出鹽味。蔬菜的味道各自為政，沒有融合出美妙的滋味。

「接著試喝的是一樣的蔬菜湯，但裡面加了僅有0.1％的鮮味調味料。」

味道變得和剛才截然不同！

這個很好喝！

用量只有0.1％嗎？

「關鍵在於用法。鮮味調味量的作用不單是補足鮮味，也可以統合蔬菜們原本不協調的味道，還有襯托鹽味。」

喝起來確實是各種食材已融為一體的味道，鹹度也恰到好處。這樣一來，不但不會扼殺高湯原來的味道，反而把好的部分襯托得更加明顯。

「鮮味具備增味作用，可以使其他味道更強調出來。」

這也是使用鮮味，可以降低鹽分攝取量的理由。

一般湯頭的鹽分是0.9％上下，拉麵的湯頭則超過1％。所以利用鮮味的增添，鹽量確實可明顯減少。

「我在家做菜的時候也會使用高湯粉或鮮味調味料，最後再放入裝進濾網的柴魚片。味道完全不一樣。喝起來一點也沒有使用速成湯頭的感覺。」

產後第7天的母乳中的胺基酸

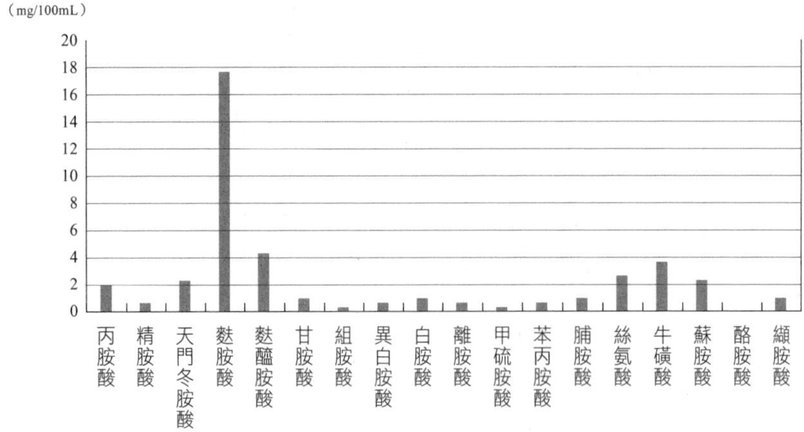

（Carlo Agostini et al.,2000）

資料提供：NPO法人鮮味資訊中心

◎各式各樣的麩胺酸◎

味噌和醬油是麩胺酸的寶庫。這兩者的原料都是黃豆，其蛋白質的麩胺酸含量高達40％。蛋白質在發酵的過程中會被分解，釋放出麩胺酸，也就是鮮味。

「母乳也含有麩胺酸喔。其實，含於母乳的胺基酸中，含量最高的就是麩胺酸。」

我們之所以會覺得麩胺酸美味，是基於生理因素；從嬰兒的味覺測試，發現人天生就排斥苦味和酸味，吃到甜味和鮮味就會笑顏逐開。

「把食物吃進嘴裡，其實是很危險的事。因為有可能吃下對身體有害的物質。甜味是能量來源，是維持生命的必需品；酸味代表食物可能腐敗；而苦味表示食物可能有毒。所以嬰兒會排斥酸味和苦味。鮮味其實扮演傳遞訊息的角色，表示蛋白質進入身體，所以人對甜味和鮮味才會毫無排斥感。」

進食是維持生命的手段；而美味，則是為了維持生活所不能缺少的東西。

鮮味便是其中的基本項目。

2

酒後的拉麵為什麼特別好吃？

下班後走在回家的路上，居酒屋的紅色燈籠偶然映入眼簾。原本抱著「那就喝一杯再回家」的打算而踏進店裡，但等到走出店門時，已經喝得醉醺醺了。這時，腦中浮現的是一碗為今晚畫下完美句點的拉麵。明知傷身，也知道隔天一早起來，又要忍受胃鬧脾氣，卻還是一再破戒。話說回來，醉了為什麼會犯拉麵癮？本章將以科學的觀點，釐清這個難以克制的生理現象。

◎酒後想來一碗拉麵的理由◎

喝酒後來碗拉麵已成為一種約定俗成的慣例。這個老習慣讓人欲罷不能，為什麼呢？

如果只是變胖倒還算小事，酒後吃拉麵，明顯是傷身之舉。也不是讓身體撐過隔天一整個上午的不舒服就沒事。基本上，人體的構造完全不適合吃飽了馬上倒頭大睡。

明知如此，我照吃不誤。

我大多在新宿喝酒，原因是歌舞伎町和新宿車站之間，有一間大型的博多拉麵攤，實在再理想不過。黑暗之中，裊裊上升的熱氣，竟是如此潔白炫目。掛在麵攤前的透明塑膠布，原本用意是擋風，但我只要聞到從塑膠布簾縫隙中飄來的豚骨香氣，就忍不住抬手看錶。

距離最後一班電車還有30分鐘，還要扣掉走到車站的5分鐘。也就是說，只要在15分鐘內解決完畢，還有時間來上一碗。為了吃得心安理得，我忍不住替自己找藉口：今天晚上只顧著喝酒，都沒吃東西嘛。說謊真要不得。其實，光是烤雞串我一個人就吃了

10根吧，本日的卡路里攝取量早就超標了。

為什麼喝了酒就想吃拉麵呢？

我向東京大學農學生命科學研究所的加藤久典教授請教了這個問題。加藤教授是分子生物學的專家，擅長利用分子生物學，調查以蛋白質為主的營養方面的活動與反應。

◎人陷入低血糖時，想要攝取碳水化合物◎

「酒精進入體內後會被分解。在分解的過程中會產生丙酮酸。」

一開始，加藤教授謙稱酒和拉麵都不是自己專精的領域而婉拒採訪，在我表明「只要針對一般通論就好」，他開始娓娓道來醣類的代謝循環機制。

「肝臟會遵循一套從丙酮酸轉變為葡萄糖的過程，稱為糖質新生。」

肝臟能夠把丙酮酸合成為糖（＝葡萄糖）。

「血糖一下降就會引起糖質新生。肝臟合成葡萄糖後會將之釋放出去，以防止血糖下降。」

除了糖的分解，乳酸（肌肉的疲勞物質）也會製造丙酮酸。乳酸被運送到肝臟後會轉變為丙酮酸。另一種情況是胺基酸之一的丙胺酸，不過只將一個氨基轉移到丙酮酸，最後被送到肝臟後也會轉變為丙酮酸。肝臟的作用之一是由丙酮酸製造出葡萄糖，使血糖保持安定。

進入體內的酒精，會被分解為乙醛和二氧化碳，再由輔酶NAD（菸鹼醯胺腺嘌呤二核苷酸）還原成NADH（還原型菸鹼醯胺腺嘌呤二核苷酸）。

酒精＝乙醇

↓

乙醛＋NADH

↓

乙酸＋NADH

在NADH的作用下，丙酮酸轉變為乳酸。

丙酮酸＋NADH→乳酸

喝酒時，酒精被分解為乙醛的過程中，會產生大量的ＮＡＤＨ。ＮＡＤＨ會把丙酮酸轉變為乳酸，所以在肝臟進行糖質新生時會缺乏丙酮酸，結果造成血糖下降。

「這樣的說明對一般人而言太過複雜，所以通常就簡化成喝酒會造成肝臟的能量不足。說得明確一點，喝酒會造成製造葡萄糖的原料不足，導致低血糖。」

我原本以為是分解酒精也需要消耗能量，所以只要喝酒就會想吃東西，原來並非如此。

喝酒會造成低血糖。

因為血糖下降，需要補充糖分。

所以，

「會變得很想吃甜食或碳水化合物。」

喝酒之後，之所以很想來碗拉麵或來份冰淇淋（我想應該是女性居多），是因為血糖降低。

◎喝醉酒與大吃大喝的連帶關係◎

我想很多人都有過喝酒後大吃一頓的經驗。雖然到了隔天早上免不了深深懊悔「昨天怎麼吃了那麼多」，但只要喝醉就一定瘋狂進食的惡習卻怎麼改也改不了。最慘的是如果不小心點了咖哩，連白飯都吃到一粒不剩。

「這是2017年7月在自然期刊發表的論文，標題是《闡明大量飲酒引起飲食過量的過程》。」

酒精本身就是高熱量的飲料。一般而言，攝取了熱量會抑制大腦的食慾信號，產生飽足感。但是不知為何喝了酒，食慾反而有增無減，原因是什麼呢？

「因為酒精會啟動刺激飢餓感的腦內Agrp神經元。」

Agrp是腦部的食慾中樞之一，會增加空腹感。透過以小白鼠進行的實驗發現，被投予酒精的小白鼠的Agrp呈活躍狀態，同時出現暴食情形。一旦Agrp的活動力降低，暴食的現象也跟著消失。

「雖然實驗用的是小白鼠，但牠們的進食行為和人類有許多共通之處，我想也適用於人。」

原來酒精引起的食慾失控，源自腦的問題。

◎一喝酒就會想攝取胺基酸◎

低血糖和腦部的暴食是必然關係，這也是為什麼酒後的拉麵會如此美味了。

話說回來，若是從造成低血糖的元凶的NADH下手，讓它一直停留在NAD的狀態，它是不是就無法與丙酮酸結合呢？如果丙酮酸無法轉變為乳酸，血糖就不會下降，自然也不會暴食了？

既然如此，只要開發出能夠妨礙NAD還原成NADH的物質，問題不就解決了嗎？

加藤教授，難道真的沒有這種方便的物質嗎？

「NADH也和其他方面的代謝有關，所以妨礙它的還原不是好事。」

熱能產出的代謝循環也會利用到NADH，所以若是妨礙NADH的還原，身體就無法製造熱能了。別說是低血糖了，還會造成低體溫。

天底下果然沒有這種稱心如意的事。

當血糖下降，空腹神經也因喝醉而陷入暴走狀態，選擇拉麵作為碳水化合物的補給源，其實是挺聰明的選擇。

「從攝取胺基酸的角度來看，吃拉麵是很合理的選擇。」

胺基酸？

「製造丙酮酸的時候會用到丙胺酸，所以身體自然會想補充。」

丙胺酸是一種胺基酸，含量較多的食材是紅肉魚，柴魚的丙胺酸含量也不少。

「麩胺酸也會參與肝臟的代謝，所以我想這或許是想吃拉麵的理由吧。」

說到麩胺酸，就讓我想到白色的魔法粉末。

現在的拉麵主流是不添加化學調味料，但是在早一點的年代，說到拉麵，第一印象就是大把灑進湯碗裡的麩胺酸鈉（味精）。如果是不添加化學調味料的店家，則使用昆布熬湯頭。

此外，柴魚和小魚乾含有的胺基酸和組胺酸，會在體內轉變為組織胺，據說可發揮使血壓下降、抑制食慾和分解脂肪的作用。除此之外，也具備抗氧化作用和抗壓力作用，另外，透過以小白鼠為對象的實驗證實，也有提高學習能力的效果。

目前在市面上可以買到當作保健食品販售的組胺酸，主打功能是消除疲勞。一天的建議攝取量大約是1650mg。

最近，使用多到有如一座小山的小魚乾熬製成湯頭的拉麵大受歡迎，已經培養出一群專好此味的忠實顧客，人稱「煮干拉（煮干是小魚乾的日文）」。

小魚乾的組胺酸含量因產地和種類而異，基本上介於每100g的含量是400～1200mg（香水試研報第15號・山本昌幸『各產地的日本鯷魚乾的鮮味成分之比較』）。

把小魚乾熬煮到爛碎，使湯汁呈現深灰色的濃稠狀的湯頭稱為水泥系拉麵。如果是此類拉麵，每碗大約使用40～100g的小魚乾，份量多到驚人。相對地，消除疲勞的效果應該也比較明顯吧。

本店開在新宿黃金街的『驚人煮干拉麵凪』就是其中讓人驚嘆不已的例子。這間拉麵店採加盟連鎖的型態，展店的速度極快，但也讓人心服口服。現在可不能小看煮干拉麵的威力。

拉麵的威力所向無敵。

喝酒後除了拉麵，還有沒有其他東西可以吃呢？

◎吃了也不會發胖的祕訣◎

拉麵是一種魔法食物，它能夠提高血糖，撫慰酒醉而疲累不堪的身體。喝醉了就想吃拉麵是基於生化學的理由，但是喝醉後總是胃口大開，超出應有的食量。因為酒後吃拉麵的壞習慣，體重不斷直線上升，要是再胖下去就真的慘了。

「不要把湯全部喝完會好一點吧？」

加藤教授，如果我能自我克制，肚子就不會大到這種地步了。

即使拉麵是酒後的最佳選擇，但就熱量而言完全不合格。

如果不吃拉麵，還有其他的選擇嗎？

為了找出拉麵以外的選擇，我請教了身為營養師的菊池真由子小姐。菊池小姐本身也寫了《吃了再吃，吃再多也不會發胖的方法》（三笠書房）這本光看標題就十足蠱惑人心的大作。

「拉麵的擁護者很多，也很會編歪理替自己找藉口。像是身體很想吃，所以吃了沒關係之類的。」

菊池小姐是不是會讀心術啊？我的心思完全被說中了耶。

「喝酒的時候還會吃下酒菜，已經攝取了不少熱量。如果再吃一碗拉麵，等於再攝取一餐的熱量耶。」

確實是如此。黃湯下肚之後，表示一天的卡路里攝取量已經到了上限，如果再吃下超過一餐的熱量，不發胖才奇怪。不用算也知道飲食過量。對不起，我不該這麼貪吃。

前面已經說明黃湯下肚後，身體需要補充糖分，所以很想吃點碳水化合物的理由。

「酒精有利尿作用，所以喝多了反而想喝水。下酒菜的鹽分大多不低，吃了也會覺得口渴。」

原來喝拉麵的湯也是為了補充水

『吃了再吃，吃再多也不會發胖的方法：看著看著，「貪吃的念頭」都消失無蹤了！』（菊池真由子／有智慧的生活方式文庫／三笠書房 稅外加637日幣）

分，吃拉麵好像是很聰明的選擇呢！

「酒精會麻痺舌頭的感覺，所以會想吃重口味的食物。」

菊池小姐表示如果喝酒的結果是想吃碳水化合物、攝取鹹味和喝水，吃烏龍麵也可以達到一樣的目的。但是很多人第一會想到拉麵，原因大概是想吃口味更重的食物吧。

◎酒後最適合補充的飲料◎

酒後的首選是拉麵，但是拉麵吃了會胖，為了確保自己下次能夠不再破戒，有沒有什麼拉麵的代替品可以推薦呢？

「運動飲料。」

？

「裡面有糖有鹽分，也有水分。」

確實是如此。

「幾乎不含脂肪，很適合減肥的人。」

原來如此。

「只要灌下一瓶寶特瓶裝的運動飲料，肚子就飽了。」

嗯……應該吧。

……可是呢，運動飲料也是含糖飲料吧？

「總比吃拉麵好一點吧。」

說的也是。

「光是不含脂肪這點就大勝拉麵了。」

是啊，是這樣沒錯。

可是，喝醉了還會想喝運動飲料嗎？

「這個嘛，大概只有宿醉的時候才會想喝吧。」

我就說嘛！

「發誓自己絕對不吃拉麵的時候很適合喝。」

……。

「如果在肚子餓的時候攝取大量水分，促進食慾的荷爾蒙也會受到抑制。」

1999年兒島將康（目前任職於久留米大學分子生命科學研究所）等人在期刊《自然》發表了一種新的荷爾蒙。這種被命名為飢餓素（Ghrelin）的荷爾蒙由胃分泌，具備分泌成長激素和使食慾亢進的作用。

這個劃時代的發現證實成長激素的分泌不單被腦、同時也受到胃的控制。就醫學的領域而言，這無疑是個重大發現，而且也證實了絕食會導致飢餓素在血中的濃度上升，但斷食會促使飢餓素分泌＝增加成長激素＝抗齡。事實上，已經有人利用這樣的原理，開發各種抗齡商品。雖然飢餓素的增加並不能和抗齡直接劃上等號，但肥胖的人似乎有飢餓素在血中濃度偏低的傾向，而瘦的人則偏高。

……知道這件事，真的讓人很火大。可惡，只要瘦下來就沒話說了吧！肥胖難道有罪嗎？我錯了，肥胖本身就是一種懲罰。

前面提到的飢餓素和胃的膨脹感連動，只要胃一膨脹就會減少分泌量，換言之，食慾也會受到壓抑。

「肚子餓的時候，只要先灌500ml的水，然後立刻去睡就不必擔心會胖了。」

用水充饑，原來不是窮人聊勝於無的生存之道啊！

「可能有些人會嫌半夜被尿意催醒，還得爬起來上廁所很麻煩，但我覺得這樣比一早起來身體倦怠無力好多了。睡前吃消夜不容易消化，所以隔天起床身體會覺得不舒服。為了避免隔天的身體狀況受到影響，最好是不要進食過量。」

◎可以取代拉麵的酒後收尾食物◎

實在戒不掉酒後的拉麵該怎麼辦呢？《吃了再吃，吃再多也不會發胖的方法》（三笠書房）這本書中，有一篇的內容就是「吃了收尾的拉麵也不會發胖的方法」。

既然都要吃了，有沒有哪種拉麵的殺傷力比較沒那麼強？該吃豚骨、醬油，還是味噌呢？

「醬油拉麵。」

為什麼？

「拉麵的湯頭愈清淡，表示湯裡的配料也沒那麼油膩。如果湯頭很油膩，配料一定也差不多。醬油拉麵是拉麵裡最清淡的口味，配料也相對清爽。如果改點豚骨拉麵，別忘了叉燒也是用五花肉滷的，油上加油。」

以上給各位做為選擇時的參考。另外，以下列出剛才提到的各種拉麵的熱量。

豚骨味噌拉麵……706大卡！

豚骨拉麵……661大卡！

味噌拉麵……532大卡！

醬油拉麵……486大卡！

鹽味拉麵……444大卡！

「一碗拉麵就是一餐攝取的熱量，已經超出吃點東西墊肚子的程度了。」

一碗飯的熱量是235～270大卡，等於是一碗豚骨味噌拉麵和鹽味拉麵的熱量差異。長久累積下來，也是不可小覷的熱量。

鹽味拉麵的熱量比醬油拉麵更低，但醬油拉麵仍然脫穎而出的理由何在呢？

「吃鹽味拉麵會攝取過量的鹽分，所以醬油拉麵比鹽味拉麵理想。」

另外，如果多吃含鉀量高的蔬菜，也可以幫助過量的鈉排出體外。

「別忘了加點蔬菜或海帶芽一起吃喔。」

如果去的是居酒屋，店家通常會準備飯糰或茶泡飯替客人收尾。

「特地跑到拉麵店續攤，可能是嘴饞想吃油膩的食物，但如果能克制自己的口腹之欲，勉強接受茶泡飯，負擔會少一點。」

以熱量來說確實是如此，茶泡飯的熱量比拉麵少多了。

◎拉麵掌控了醉醺醺的大腦◎

喝得醉醺醺地跑進超商，好像不用錢似地買了堆積如山的零食，我想是每個人都曾有過的經驗。即使在外面忍住不吃拉麵，回到家卻有如堤防潰堤，把零食一掃而空，那就白忍了。

「因為吃甜食會釋放出幸福的荷爾蒙呢。」

吃甜食會促使神經傳導物質之一的血清素分泌，能帶來愉悅感和幸福感。

「我想，喝到酩酊大醉的人，精神上應該很疲勞了。」

為了提振因疲倦而低落的精神，人會藉由攝取甜食以促進血清素分泌。

「用這種方式提振精神會上癮。一旦食髓知味，知道吃了甜食會感到幸福，就會一吃再吃。」

因為腦會記住幸福的感覺。

「拉麵和甜點的原理一樣。如果在喝醉了，覺得肚子有點餓的時候吃拉麵，就算肚子已經飽了，還是會吃得一滴不剩。這件事會被腦記下來，等到下次喝醉了，又想吃拉麵。」

真危險哪！

「所以每次喝醉了要吃拉麵收尾，很少人每次都會去不一樣的店。基本上去的都是同一間店。」

……沒錯，又被說中了。我們活著就是為了尋求幸福的回憶。

「酒後光顧拉麵店，本質和看了美食資訊會流口水的情況不一樣。」

我明白了。如果不吃點什麼就不甘心，那我就不吃拉麵，改到超商買幾個飯糰回家吃好了。

「超商的飯糰份量不少喔！」

你說什麼？

「超商的飯糰捏得很扎實，如果放進飯碗，差不多也是一碗的份量。」

不會吧。我原本還以為2個飯糰差不多才1碗飯呢！吃2個飯糰，用不了多少時間對吧？根本是點心吧？

調查後得知，1個超商飯糰的平均熱量介於160～230大卡。如果一次吃2個，等於和1碗拉麵差不多。

「雖然喝酒後再喝這個有點怪，但百分之百原汁的柳橙汁也不錯噢！可以補充水分，鉀含量也高，可以幫助多餘的鈉排出體外。另外，柳橙汁也富含維生素B_1和B_2，有助分解脂肪和糖分。」

◎破戒吃下拉麵的隔天對策◎

前一天忍不住在半夜吃了拉麵，隔天果然慘遭報應，覺得胃脹不舒服。那麼，有沒有方法可以快速擺脫這種狀態，恢復精神呢？

「早餐的功能之一是控制一天的食慾。它可以提醒身體，日期換了，又是新的一天喔。這也是早餐為什麼很重要的原因。」

話雖如此，如果遇到宿醉或前一晚深夜進食的情況，早上還勉強自己在胃好像揪成一團的情況下吃早餐，感覺吃完就得直接去廁所報到了。

「即使真的沒有胃口吃早餐，但身體應該很需要補充水分和些許鹽分，所以至少喝碗味噌湯吧！沖泡式的速食味噌湯也沒關係，不過請確認裡面要有添加海帶芽。海帶芽富含食物纖維，鉀的含量也高。食物纖維可以幫助身體排出多餘的膽固醇。」

缺點是速食味噌湯裡就算有海帶芽，量也是少得可憐。

「請自己抓一小撮海帶芽放進去補充，這是最起碼要吃的量。」

如果只是喝碗海帶味噌湯，就算苦於宿醉，應該也喝得下吧。

「如果有胃口吃早餐，最好的選擇就是傳統日式早餐。除了味噌湯，也要吃點飯補充醣類。再配上納豆和煎蛋捲之類的配菜補充蛋白質。不吃蛋白質的話，身體就沒辦法恢復精神。時間充裕的話，最好再多吃點蔬菜。」

如果身體水腫，該怎麼處理最好呢？

「喝水最好。水腫是因為身體想降低血液中的鈉濃度。如果多喝水，鈉就會隨著尿液一起排出體外。為了促進血液循環，花點時間做一下屈伸運動也有很幫助。做運動的效果很好，多餘的水分被重力往下拉，容易囤積在下半身；透過屈伸運動，可以讓水分移動到上半身，改善循環。」

攝取鉀可以加速鈉的排出，富含鉀的食物包括生的蔬菜。

「蔬菜一經過汆燙，有一半的鉀都會流失在熱水裡，所以生吃最好。改喝一瓶蔬菜汁也不錯。」

要注意的是，蔬菜汁的熱量比想像中高，飲用以1瓶為限。

「因為蔬菜汁會添加甜菜根等甜味蔬菜，其實糖分蠻高的。要注意的是，不要抱著想攝取蔬菜的打算而喝太多，以免喝下太多的糖分。」

蔬菜汁的缺點是食物纖維比新鮮蔬菜少，但可惜的是，蔬菜無法直接用吸管快速吸食。基本上還是要以生蔬菜為主，蔬菜汁只是吃不到生蔬菜時的替代品。

收尾拉麵雖然誘人，但為了身體健康，最好還是能免則免吧。

3

有關拉麵的各種疑問

捲麵、直麵、細麵、粗麵……。雖然都叫做拉麵，但種類五花八門，讓人目不暇給。還有什麼是加水率？鹼水又是什麼？不同種類的小麥有哪些差異？另外，拉麵用的麵條，和義大利麵、烏龍麵、麵線等其他料理使用的麵有何不同？這些麵食的原料不都是小麥嗎？本章採訪了日本全國各地的拉麵名店，以及備受信賴的製麵廠商，為各位解答有關拉麵的各種疑問。

◎什麼是自家製麵？◎

「湯頭是拉麵的靈魂。」

這是山崎努在電影『蒲公英』裡的某句對白。

湯頭就是高湯；高湯的各種食材若是調配均匀，將使美味提升好幾個檔次。挑戰各式各樣的食材，嘗試不同的搭配組合，以期將鮮味發揮到極致，就是熬製湯頭的作業。

那麼麵條呢？

最近以自家製麵當作主打的拉麵店很多。

很多拉麵店的菜單背面或吧檯壁面，都會密密麻麻寫著有關拉麵的說明。

例如高湯採用香川的伊吹煮干和枕崎的枯本節，再放入全雞熬煮；另外使用小豆島的熟成5年醬油；肉類有兩種，一是以東京X的腿肉低溫調理而成的叉燒，和以直火慢燉6小時的三元豬的五花肉。

這樣的說明相當於一碗拉麵的規則配備表。

除此之外，麵條是自家製麵，使用日本國產的某個小麥品牌。

拉麵店堅持自家製品的理由是什麼呢？

蕎麥麵堅持手擀的理由我能理解。我以前曾參加手擀蕎麥麵的體驗課程，聽老師說蕎麥麵的風味稍縱即逝，最好當天就把擀好的麵條吃完。蕎麥麵的香氣會在運送途中流失，所以應該由蕎麥麵店自己擀麵。

拉麵也是基於同樣的理由嗎？

吃拉麵的時候，我從來不曾留意麵條的香氣濃郁與否，但起碼我有注意到剛出爐的麵包香氣逼人。那樣的香氣也會出現在拉麵的麵條嗎？還是自家製麵和在工廠大量生產的麵條有決定性的差異，所以堅持自家製麵的拉麵店才不斷增加呢？

仔細想想，我對拉麵店的麵條簡直一無所知。

據說拉麵的麵條偏黃是因為添加了鹼水。但鹼水是什麼啊？加了鹼水的麵條，會產生什麼變化呢？

聽說青森的拉麵麵條不添加鹼水。如果不加鹼水也做得出拉麵，那麼是不是沒必要特意添加呢？

聽到連麵粉也採用日本國產小麥製作，心裡當然覺得「真是難能可貴啊」，實際上果真如此嗎？國產品和進口貨有什麼不一樣呢？

◎專做拉麵麵條的廠商——三河屋製麵◎

不懂的事，請教專業的現場人員最快。

拉麵宅對製麵廠商也是如數家珍，最讓他們津津樂道的名字是淺草開化樓。這間淺草開化樓的拿手項目是硬麵，最為人所知的事蹟除了有引爆沾麵風潮的六厘舍是他們的客戶外，還有不死鳥Karasu這位鼎鼎有名的業務員（他同時身兼職業摔跤手。上電視等參加演出時，以蒙面的模樣示人）。

其他知名的製麵所還有備受家系拉麵器重的酒井製麵、創業於大正6年的大成食品和崎玉縣的村上朝日製麵所、北海道的Kanezin食品等。這些製麵所是許多拉麵名店的麵條供應商，大多也已經品牌化。

不過，在各個品牌的製麵所當中，規模最大的是位於東京、東久留米市的三河屋製麵。即使對拉麵沒興趣的人，如果一聽到某間拉麵店用的也是三河屋的麵條，也會點頭表示聽過。

我請教了三河屋的董事長宮內嚴先生。

三河屋創業於昭和36年。在2016年迎接創業55週年。

「我們起先做的是烏龍麵。後來也做了烏龍麵、日本蕎麥麵、炒麵、拉麵。只要是製麵所，通常什麼麵都做。」

目前經手的只有業務用的中華麵生麵條。

「從工廠搬到這裡以後，我們買了專做生中華麵的設備，把所有的生產線改成中華麵的生麵。」

既然是製麵廠，客戶就是大大小小的拉麵店。

「我們的產品線很豐富，有各種品種的麵，所以針對客戶的需求，我們幾乎用既有的麵條就能提案。如果客戶不接受，就會重新製作該客戶專屬的麵條。」

雖然我知道製麵所可以接受拉麵店的訂製，但聽了還是沒有概念。除了粗細以外，客戶對麵條還會有哪些要求呢？

「對麵條很了解和自己也會做麵的人，有些會帶著自己的配方請我們照著做，不過這種情況非常少見。基本上都是靠意象說明，例如口感Q彈之類的。」

聽到這種要求，設計師恐怕頭痛到想哭了吧……我要那種可以讓F1層（F是Female的簡稱。F1代表20～34歲的女性）感覺精神一振的麵條。嗯，客戶可能還會要求「Rough的麵明天就拜託你啦」。製麵業界也得接這麼恐怖的訂單啊！

「客戶也曾指定『○○拉麵店用的麵條很棒，所以我也要訂那種的』。基本上我們都能掌握，所以就會很乾脆地回答『好的，沒問題』。」

可以知道其他店家用的是哪一種麵條嗎？

「製麵的材料和做法多到數不清，不可能全部都知道，不過可以知道個大概。當然要經過一番調查，首先上店家的官網，看看上面有沒有標示是用國產麵粉，還是粗麵或細麵，讓心裡有個譜。下一步就是到店裡吃碗拉麵。如果可以透過網路購買，我們偶爾也會買回來吃。直接吃是最快的方法。」

麵一旦下水煮熟，就很難知道它的組成和特性，能拿到還沒煮過的實品最好。而最確實的方法就是透過網購，而且省時省力。

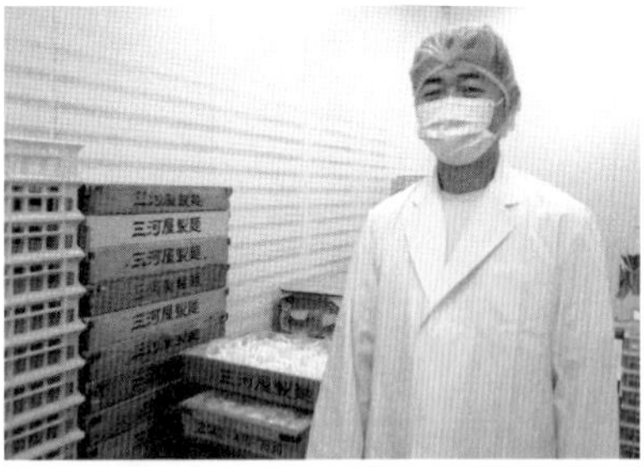

董事長宮內嚴先生親自為我導覽三河屋製麵工廠。印有知名度超高店家商標的麵箱疊了一箱又一箱。不愧是名店御用的三河屋製麵。

◎如何決定使用哪一種小麥和味道◎

「小麥的種類原本就有好幾種。」

目前流通於日本市面上的麵粉，大致可分為特高筋麵粉、高筋麵粉、中筋麵粉、低筋麵粉、粗粒小麥粉這5種。

「我們透過自己的經驗和知識，逐漸摸索出用哪一種麵粉會做出什麼樣的麵條。我們會從觸感、滑順度、舌頭的觸感等，決定要用哪一種麵粉製作。接著試吃成品，看看像不像。不像就重做，一再反覆這樣的步驟直到滿意。」

每一種麵粉的特質不同，用途也不一樣。小麥顆粒約有83％是胚乳，而麵粉就是由胚乳磨製而成。胚乳的中心部和周邊部分的成分不完全相同，所以味道和成分會依照保留的比例而改變。

麵粉的特徵是帶黏性，這股黏性由胚乳中的蛋白質所產生。

在主要成分的麥膠蛋白和麥蛋白加水，混合後就成了麩質。

依照一般財團法人製粉振興會的分類，有兩樣蛋白質加了水會相連在一起，轉變為帶有黏著性和彈性的麩質，這是麵粉特有的蛋白質。這兩樣蛋白質分別是：

・麥膠蛋白的彈性弱，但黏著性強，延展性佳。

・麥蛋白富有彈性，但延展性差。

蛋白質的含量多寡由粉的性質決定。

但是，水量的調整、麵粉以外的添加物、和麵的方式都會左右麩質的量，而且麩質的性質也會受到麵粉所含的麥膠蛋白和麥蛋白的比例所影響。

超高筋麵粉的黏性強，麵團會變硬，適合用來製作麵包。

高筋麵粉的黏性比超高筋麵粉弱。

中筋麵粉適合用來製作烏龍麵。

低筋麵粉適合製作甜點和當作日式炸蝦的炸粉，不帶黏性，口感鬆脆。

「一般而言，拉麵店用的麵粉是高筋麵粉。」

這種麵粉的黏性強，麩質的含量相當高。

日本的麵粉有9成是進口，稱為外麥。

從國外進口到日本的小麥，會依照麵粉廠商的各個規格，調配麥種比例，研磨成超高筋、高筋等各種麵粉，並冠上品牌名稱。

進口小麥基本上只有5個品種，而麵粉廠商會依照每一種小麥的特性進行調配，製作成各式各樣的產品。例如沾麵專用粉、手擀拉麵專用粉等。目前流通於市面上的麵粉，種類因用途而異，多到不可勝數。

日本把進口小麥稱為外麥。那麼內麥呢？就是國產小麥。

「如果是日本國產小麥，大多以個別品種的型態銷售，例如『春戀』『北穗波』。」

小麥的味道和特質因種類、氣候和產地而異。

「在寒冷地區收成的小麥，蛋白質含量高，所以黏性強，可以製作出有韌性、較有嚼勁的麵條。」

小麥原本是寒冷地區的產物。日本的氣候對小麥的生長而言過於溫暖，所以原本不適合栽培。不過就像原產於南方的稻米能夠成為日本人的主食一樣，品種改良是日本人的強項。透過品種改良，這幾年已經可以在日本各地收成各種小麥了。

◎國產小麥的風味帶有麩的苦味◎

「小麥基本上號稱無臭無味，它本身沒有味道。」

小麥沒有味道嗎？是嗎……真的沒有味道嗎？

「麵粉有等級之分，分為特等粉、一等粉、二等粉。大家都覺得麵粉要白色的才好吧？這是消費者的喜好。為了配合消費者的喜好，國外產的小麥都會把麵粉弄得愈白愈好，只保留麥粒中心的精華部分，這樣的麵粉稱為特等粉。」

就像日本酒的吟釀、大吟釀。日本酒的酒造米，被不斷研磨只保留米芯；所謂的特等粉，也是經過類似的步驟。

「日本國產小麥因為收成量少，如果像外麥一樣只留下麥芯，可利用率會變得很低。所以研磨的時候，保留的範圍比特等粉稍微多一點。這麼一來，也會保留麥粒外側皮的部分。色澤是淺淺的茶色，也略帶一絲苦味。這絲苦味也成為味道的一部分。大人不也把苦味當成是一種鮮味嗎？所以這絲苦味反而被當作一種美味，其實只是含有麩質，還有香氣也比較濃。」

美味的標準也會隨著時代的變遷而不斷改變吧！好比我自己的媽媽，她對糙米一點興趣也沒有，因為要她吃糙米，會使她回想起戰爭。

那全粒粉又是什麼？就是吃沾麵的時候，常常覺得麵條帶有的顆粒感嗎？

「脫離穎殼而出的麥粒，外面有一層茶色的皮。如果只研磨中心的部分，就會得到白色的麵粉，整顆研磨的話就是所謂的全粒粉。一般的麵粉通常不會研磨外側的部分，而是直接丟棄。據說外側無法磨成粉的部分大概占了3成，而全粒粉就是連這3成和中心一起研磨。」

以米做比喻的話，就像糙米吧。連同表皮和胚芽一起研磨成粉。

「號稱以全粒粉製作的中華麵，其實是麵粉裡混了一部分全粒粉，比例大約是4〜5％。所以肉眼看到的顆粒，差不多在5％之中占了3成。」

數量只是看起來多，其實在全體中所占的比例非常低。

「假設使用100％的全粒粉製作，麵條的顏色會變成漆黑一片，看起來實在不像人吃的食物。而且味道苦澀難吃，顧客應該提不起食慾。」

原來如此。

「所以我一直覺得很納悶，明明不好吃，不知道為什麼有那麼多人買單。可能覺得有益健康吧。」

以前的人為了美味，特地從糙米改吃白米，但如果是為了健康，美味反倒成了其次。

「不過我們工廠也有用全粒粉製作中華麵。雖然說營養價值高，但是身體到底能吸收多少呢……如果說到實際的數字，只能說吸收進去的一定比完全沒添加的多，但我想實際對身體的幫助很有限。就這個意義來看，國產小麥的鮮味濃，吃起來美味可口的說法，是否為真還有待商榷。」

5%的3成，頂多只有1.7%。一碗中碗的沾麵大約是300g，所以全粒粉的含量大約是5g。如果只是想品嘗味道，這個份量已經足夠，但若是期待能夠發揮像保健食品一樣的功效就太勉強了。

麥麩（麥粒的表皮部分）的特徵是富含鐵和鋅等礦物質和食物纖維。尤其是纖維的含量，高達約本身重量的40%（資料來源是製粉網站）。換算下來，添加於沾麵的纖維質含量約有2g。

根據日本厚生勞動省的資料（「食物纖維的飲食攝取標準」2015年版），成人男性每天應攝取的纖維質目標值是20 g以上。20 g中的2 g。其他礦物質的含量也和這個比例相去不遠。宮內先生說得沒錯，營養成分確實比完全沒有添加來得高。

◎捲曲和加水率◎

在我的認知，拉麵的麵都是捲麵。不過，最近採用直麵的拉麵店也增加了。直麵增加的趨勢到底從什麼時候開始的？

「有人開始推出個人的創作系拉麵以後，捲麵的訂單就愈來愈少了。」

用什麼方法讓麵條變捲？有什麼優點嗎？

「有人認為捲麵比較容易沾附湯頭，但捲曲並不是必要條件。更重要的是麵條的配方；有些直麵也很容易入味，不容易入味的捲麵也不是沒有。不過麵條是捲是直，也和湯頭的契合度有關，所以取決於顧客的判斷。」

也有人認為從流體力學的觀點來看，直麵比捲麵更能充分沾附湯汁。可能是從以前就這麼吃習慣了，或者是捲麵沾附湯汁的口感更受歡迎。

以自家製麵而言，在製作的過程中，使麵條變得捲曲是難度很高的作業。方法有兩種，一種是在製麵機上另外加裝讓麵條變捲的裝置；另一種就是以手工搓揉，讓麵條變捲。

自家製麵的增加，或許成了捲麵式微的理由。

至今為止，有沒有接過讓你們覺得很困難的訂單？

「手擀麵算是吧。」

手擀麵？

這個答案真讓人意外。

「如果真的用手擀，是可以做出類似的麵條。」

……手擀麵最困難的地方是什麼呢？

「喜多方拉麵和佐野拉麵都是手擀麵，先用青竹擀，再用菜刀切。像那種很軟的麵團，沒辦法用機器切。」

因為質地柔軟，所以不能通過機器，只能手工製作。

「我們可以用滾麵機擀麵再切，加水率最多可以到40％。」

如果是一般中華麵，加水率是32～33％，多加水麵是37～38％，低加水麵是30％以下。

像博多拉麵這種乾硬的麵是28～30％。

提高加水率，就能做出柔軟富彈性，但不容易糊掉的麵條。

低加水率的代表性麵條是博多拉麵，沒有彈性，質地乾硬。

「手擀麵的麵團是50％、60％的加水率，軟到就像剛搗好的麻糬，根本過不了機器。」

有60％是水？這樣不會一煮就糊了嗎？

「計算的方法因人而異，因為業界並沒有一套決定加水率的基準。」

所謂的加水率，意思不是和麵粉相比，加了多少百分比的水嗎？

「相較於麵粉，加了多少百分比的水的確是加水率的

用製麵機壓成巨大滾輪狀的麵團，下一步是裁斷。手擀麵的質地太軟，所以要完成這個製程並不容易。

定義，不過，接下來還會牽扯到加的是什麼水。加了單純的水，或者加了鹼水或加了鹽，因為還要列入鹽的重量，計算方式會變得完全不同。如果在100g的麵粉裡加了30 ml的水，加水率就是30％。但如果30 ml的水有1％是鹼水，就不是這麼計算了。我們公司的作法是不論是鹽還是鹼水，能夠溶於水的先用水溶解，再用這個份量下去計算。舉例而言，如果鹼水和鹽都各是1％，水加了30 ml，那麼加水率就是32％。不過，也有人鹼水和鹽等什麼添加物都不加，單純只加水。因為業界對加水率沒有一定共通的基準，如果不問清楚加水率是如何計算，就沒辦法製作出一樣的麵條。」

果真是職人的世界，一分一毫都要算得清清楚楚。

不用我說，麵條的軟硬並非只靠加水率而定。如果使用麩質多的麵粉，即使提高加水率也不會使麵條變硬，但也有相反的情況出現。即使使用同樣的麵粉，如果仔細和麵，就會釋出更多的麩質，使麵條的筋性變得更強。

◎義大利麵和拉麵的相似與相異之處◎

如果用製作義大利麵的粗粒小麥粉製作拉麵，會做出什麼樣的成品呢？做出來的還是拉麵嗎？

「粗粒小麥粉的英文是Semolina，原意是粗的。」

聽說摸起來的觸感比較粗糙。

「粗粒小麥粉是用來製作義大利麵的麵粉，但義大利麵和中華麵是兩種截然不同的麵條。義大利麵條需要以模具擠壓成型，麵條是從洞裡被壓出來。因為不需要揉，用粗粉就可以了。如果用普通的製麵機，麵粉的顆粒太粗的話，水分無法滲透，麵團揉不起來。這樣的麵粉不適合製作中華麵。因為揉不起來，做出來的麵條容易糊。這兩種麵的製法不同，所以用粗粒小麥粉做不出合格的中華麵。」

減醣麵粉又是怎麼做的呢？

「聽說有些廠商可以做出把醣類降低50％的麵條。至於這減掉的50％，當然混入麵粉以外的材料取代。但混了其他替代品會變得不好吃，麵條正因為是醣類才好吃，如果減少了美味的成分，味道當然也跟著打折。」

有些麵標榜是冰溫熟成，那是什麼意思呢？

「延長熟成時間，可以讓麵條的筋性變強。缺點是保存時間短，一旦冷凍就不會熟成。所以有人想出把麵條放在溫度介於冷藏與冷凍之間的臨界點長期保存，以延長麵條的熟成時間。」

◎因鹼水而造就的中華麵◎

除了麵粉的種類，添加物對決定麵條的性質也扮演著重要角色。

「添加物聽起來很容易給人負面的印象，其實被稱為麩質的小麥蛋白、雞蛋、鹽、鹼水統統都是添加物。巧妙運用這些添加物，可以達到我們預期的口感。」

說到中華麵馬上讓人想到鹼水。

「中華麵的大前提是加了鹼水下去揉製。」

如果不加鹼水，就不能稱之為中華麵。

「我想現在可以看到市面上出現那麼多麵條的種類，大概是從這10年、15年開始。在這之前，麵條的差異主要以地域區分，例如北海道的麵條是捲曲的粗麵，博多是白色的直麵，至於介於兩者之間，顏色偏黃的捲麵就被歸類為中華麵了。」

如果用了鹼水，就是中華麵，即使麵條厚度像烏龍麵，加了鹼水就是中華麵。

「中華麵的麵粉和烏龍麵的麵粉不一樣。烏龍麵用的是中筋麵粉，中華麵用的是高筋麵粉。」

鹼水會替拉麵增添一股獨特的風味。青森的拉麵據說不添加鹼水，所以我曾趁著青森物產展的時候，特地去吃拉麵。拉麵的特色是湯頭帶有很濃的小魚乾味，用的麵條是白色的中粗麵；麵條的口感滑順，缺乏咬勁。但是口感又和細烏龍麵不一樣，比較沒有咬勁。如果要說比較接近烏龍麵還是拉麵，答案是後者。但是，拉麵的味道並不是我所熟悉的拉麵。

青森的店鋪寫著早餐時段也有提供拉麵，完全可以理解，因為吃了對腸胃不會造成負擔。湯頭只加了魚高湯，質地可以用晶瑩透徹形容。這樣的湯頭，和烏龍麵等柔軟的麵條是絕配。如果把一般的拉麵比擬做煮好的白飯，那麼青森的拉麵就像茶粥一樣溫和。

加了鹼水就會產生這樣的變化。中華麵特有的爽滑感和嚼勁，也是拜鹼水所賜。

◎中華麵為黃色之謎？◎

日式炒麵的麵條和中華麵的麵條不一樣嗎？

「基本上是一樣的。日式炒麵是蒸過的中華麵，中華麵蒸過以後就是炒麵的麵條。但是，一般拉麵的麵條蒸過以後，因為裡面含有鹼水，會變成茶色。」

超市販售的日式炒麵的黃色麵條，鹼水加得少，蒸的時間也短。而且也添加了色素以保持黃色的色澤。

其實，把拉麵的麵團擀得極平就是餛飩皮；把烏龍麵的麵團擀得極平就是燒賣皮。

「燒賣不是要拿去蒸嗎？如果加了鹼水，蒸過會變成茶色，所以燒賣皮的麵團沒有加鹼水。聽說廠商偶爾會接到抱怨，因為有人不小心，誤拿餛飩皮來做燒賣，結果蒸成茶色。」

麵條之所以呈現黃色，是因為鹼水的作用沒錯吧？

「現在的鹼水已經不太會讓麵條變成黃色了，頂多變成奶油色。多放點鹼水雖然可以讓顏色變濃，但看起來也不會是黃色。而且加多了，麵條會多一股阿摩尼亞的臭味，反而弄巧成拙。有些人吸麵的時候，會聞到一股刺鼻的味道。」

所以是為了補足顏色才加色素嗎？

「北海道的拉麵黃得很明顯；如果有人下訂單要做一樣的拉麵，我們也會添加很多色素。」

順帶一提，請問色素的成分是什麼呢？

「梔子花或是維生素B_2吧。」

梔子花？你是說甘煮栗子會用到的那個？那是天然素材嘛！維生素B_2也是常見的保健食品呢！

◎雞蛋麵加的是蛋白◎

雞蛋麵一定要放鹽對吧？

「不放也沒關係。鹽和鹼水一樣，都有緊實麵條的作用，所以我們會看情況，有需要就加。」

但是要注意不能加太多。因為會溶在湯頭裡，喝起來會太鹹。

「和製作烏龍麵時放的鹽量相比，拉麵放的鹽簡直是小巫見大巫。但是烏龍麵只要煮的時間夠久，鹽分就會溶解在水裡。但是拉麵撈起來的時候大多偏硬，所以鹽分會殘留在麵條裡。」

如果湯頭的質地很清澈，一開始入口的味道和吃到最後的味道會不一樣，因為麵條會溶出鹽分。

「我們也會加蛋。不過蛋煮了會變硬對吧？蛋的作用是黏合麵條，所以加的是蛋白，而不是蛋黃。因為加了蛋白的麵條，下水後質地比較堅固，不容易糊，吃起來也有咬勁。」

一方面出於衛生管理的考量，所以添加在麵粉裡的都是乾燥後的蛋白粉末，但偶爾也會使用生鮮雞蛋，這時候也會連蛋黃一起放進去。

蛋白會包覆麵條，所以吸附湯汁的速度較慢。為了防止麵條煮過頭，博多拉麵等也經常會在麵條裡添加蛋白。

最近也出現了不添加鹼水的無鹼水麵（青森的中華麵也不加鹼水，但兩者的意義不同）。

「不加鹼水的話，麵的口感會變差。為了彌補這一點，改加同屬於鹼性、燒過的鈣粉。雖然可以讓麵條有咬勁，但吃起來沒有香氣。」

標榜不添加鹼水的無鹼水麵被歸於健康食品類，這也是鹼水有害健康的刻板印象作祟之下所應運而生的商品。

◎何謂鹼水？◎

我想對鹼水有進一步的認識。

根據健康資訊類的報導，鹼水所含的磷酸鹽會阻礙鈣質沉著，導致身體的鈣質不足。該不會吃拉麵真的會導致骨質疏鬆吧？

鹼水真的有害身體嗎？就物質而言，它具備什麼樣的特質呢？

在網路輸入「鹼水」兩字搜尋，排名前幾位的內容包括Daily Portal Z的報導「添加在拉麵裡的『鹼水』是什麼？」「使用不同的『鹼水』試做拉麵」。

報導的一開始是鹼水廠商的訪談，接著使用市售的好幾種鹼水，分別自家製麵。報導的內容很吸引人，令人想一睹為快。

至於這篇報導的執筆者玉置豐先生，不對，他已經改名為玉置標本了。說到有關鹼水的採訪人選，當然非標本先生莫屬。標本先生利用手邊的製麵機，不斷地做出各種麵條，堪稱製麵狂，甚至還出版了同人誌『趣味的製麵』。

順帶一提，我認識的人當中，目前最有可能成為『松子不知道的世界（日本綜藝節目）』的節目嘉賓的就是標本先生了。

標本先生真不愧自稱為標本先生，說到他的驚人事蹟，最讓人津津樂道的就是他什麼都抓來吃。在多摩川捉鱉，或者在公園收集雜草之類的，都只是幼幼班等級的小case。隨著功力的進化，他甚至還出了一本名為《捉來吃》（新潮社）的書，他這個人簡直像個野人。

標本先生原本是我朋友的朋友；有一次我跟著一間名為蛇善的漢方藥批發老店去抓蛇，同行的也有標本先生，所以我倆因此結識。那次我們才剛走進山裡不遠，就從草叢中、水泥壁中的縫隙中看到大批蛇類出沒。抓到蛇以後，大家把蛇放進一個大土鍋烤得黑黑的。畢竟機會難得，所以有一部分就當作烤肉，大家一起分著吃了。我還記得蛇善的社長咻一聲俐落地剝掉蛇皮，三兩下就去骨，動作看起來非常熟練。料理方式很簡單，加了鹽和胡椒拌炒就完成了。蛇肉只有做成烤肉。

於是我情商有過一面之緣的標本先生替我引薦對鹼水悉知甚詳的專業人士。

他替我介紹的是株式會社小宮商店營業部的丸山健太先生，暱稱是小粉丸。小宮商店是創業於１９５０年的麵粉批發老店，也是日清製粉、日本製粉等麵粉大廠的特約店，向他們供貨。

因為賣的是這樣的產品，小宮商店的客戶們自然是拉麵店。因此，丸山先生１天要吃４、５碗拉麵，實在太強了。

株式會社小宮商店的鎮店業務員丸山健太先生，又名小粉丸。他手上拿的是麵粉的樣品。

◎中華麵的添加物◎

「首先要定義什麼是中華麵。根據日本的食品法，混合麵粉和鹼水而成的麵條可以當作中華麵販售。所以，像青森的小魚乾拉麵這種無鹼水麵，包裝的背面會寫著『生麵條』。如果是中華麵就不會這麼寫了。」

我採訪三河屋製麵的時候，聽到的也是相同的資訊。中華麵就是因為加了鹼水才成為中華麵。

麵條除了鹼水，另外還加了什麼呢？

「一起來看看成分表吧。」

我拿了某間中華麵的成分表看了起來。

麵體（麵粉、植物油、食鹽、甘胺酸、鹼水、梔子花萃取物）、保存劑（魚精蛋白，取自鮭魚）。

「以前麵條的染色都是用紅色4號或紅色2號這類人工色素。但現在大家都希望使用天然色素，所以最近很常使用梔子花。」

甘胺酸是一種胺基酸，具備甜味和鮮味，還可發揮抗氧化作用，所以被當作食品添加物使用。最近也號稱有減少睡眠中斷的作用，所以開始被當作改善睡眠的保健食品上市。其實我買過袋裝產品服用了一陣子，吃起來有一種特有的甜味，所以我把它當作砂糖的代替品，加在咖啡裡喝（睡得很好是真的）。

據說為了增添麵條的滑順感，和麵的時候常常會添加食用油。

魚精蛋白具有抗菌性，大概從1985年開始被當作保存劑使用。聽到魚精蛋白這幾個字讓我有點吃驚，不過它的主要成分是精氨酸，也是許多男性喜歡飲用的能量飲料的常見成分。

「大廠牌在市面上推出的麵條，保存劑和添加物使用的方式非常複雜，相形之下，我們經手的一般拉麵店使用的麵條就單純多了。」

最常見的保存劑是酒精。

「我想包裝的標示大多是寫漢字的酒精兩個字，其實就是食用酒精。」

用於手部消毒等具備殺菌作用的醫療用酒精，也被當作麵條的副原料使用。用法是把稀釋後的酒精混入和麵水。

「另一樣也常使用的保存劑是乳酸鈉。麵條混入鹼水後會變成鹼性，容易孳生細菌，所以要使它維持酸性以抑制細菌。」

◎PG是什麼？◎

就食品安全基準而言即使沒有問題，但是從石油提煉而成的添加物，老實說真的讓我覺得發毛。其中最具代表性的正是PG（丙二醇）。丙二醇被當作麵條的保水劑使用，作用是防止麵條因水分蒸發而變硬。

「我們都有取得動火作業的操作執照，採取嚴密的安全措施。」

丙二醇是石化產品之一，嚴禁靠近火源。要賣小麥也不簡單啊，很辛苦呢！

PG的使用量有受到法律規範。根據厚生省告示第370號「食品、添加物等的規格基準」，以生麵而言，上限是2.0％。

所謂的上限，意思是超過就有麻煩了吧。它的毒性嚴重到什麼程度呢？

丸山先生，PG的毒性到底怎麼樣呢？

如果舀了一湯匙用舌頭舔，會不會覺得身體不舒服呢？
「我舔過喔。」
你居然舔過！
「味道甜甜的唷。」
味道是甜的啊。
「不過加在麵裡會變成苦味。」
原來會變苦味啊。
「有一股獨特的味道，我想一吃就吃得出來。」
獨特的味道。

◎什麼都沒加的麵條只有半天的壽命◎

添加ＰＧ可以讓麵條保有水分。只要有水分，細菌就會繁殖。但是酒精必須要有水才能存在於麵條。為了解決這個問題，只要添加抗菌劑，就不必擔心細菌會繁殖了。

ＰＧ和酒精等抗菌劑會共同發揮作用，延長麵條的保存時間。

「如果只靠酒精，大概維持1週到10天，如果添加了ＰＧ，再配合其他條件的話，最多可保存1個月。如果冷藏保存，最少可以撐1個月都不會發霉。」

那就加吧。如果是我就加。

以前有段時間一直用的是過氧化氫，也就是擦傷時用來殺菌的消毒劑，俗稱雙氧水。廠商用雙氧水把麵條漂白再出售，放了一段時間而泛黃的麵條，經雙氧水沖洗後，居然變得潔白無比！

雙氧水的應用之廣泛，甚至流傳出有人靠著它，就足以賺錢蓋房子的趣談。

因為有致癌性，從１９８０年以後被禁止添加於食品。

取而代之的就是目前使用的ＰＧ和酒精。

「以前有些店家會直接把麵條放在會被陽光曬到的地方，之所以敢這麼做，是因為麵條加了ＰＧ。」

原來如此。順便請教一下，如果沒加的話可以放多久？

「如果只放水、鹽、鹼水嗎？在常溫下？」

是的。

「差不多半天吧。如果超過半天，細菌就開始繁殖了。」

差這麼多。

這個答案讓我首次體認到麵條也是有生命的。

「從拉麵店的立場來看，我們很希望能在1週～2週儘快把麵條用完。」

丸山先生輕描淡寫地說只能保存半天，事實上，扣掉運送的時間之後，送達的麵條如果沒有在當天用完，隔天也不能用了。

如果我是拉麵店的老闆，一定欲哭無淚吧。

但是，如果想延長麵條的保存期限，添加物的使用是勢在必行。

「雖然添加物對身體的影響尚未有定論，但擔心的人不少呢！」

在一片反添加的聲浪中，要反其道而行確實不容易。或許是這個關係，最近標榜不添加化學調味料的店家增加了……等一下。

鹼水呢？

鹼水難道不是食物添加物嗎？

◎鹼水是工業製品◎

「強調麵條無添加物的店家，大部分使用的是產自蒙古的鹼水。」

說到蒙古產的鹼水，首推木曾路物產株式會社的『蒙古王鹼水』。這是鹼水界的頂級品牌。

『蒙古王鹼水』的原料來自內蒙中部的錫林郭勒高原開採的碳酸鈉結晶。

「食品衛生法規定天然鹼水必須在工廠溶解，去除碳酸鈉以外的物質精製而成。蒙古鹼水的原料來自天然鹼，但並非未經加工，所以被視為食品添加物。」

換言之，『蒙古王鹼水』的原料來自天然，但卻是在工廠合成。

「『蒙古王鹼水』的成分是100%的碳酸鈉，而其他品牌的鹼水，如果不是和碳酸鉀混合，就是依照用途，和焦磷酸四鉀、焦磷酸四鈉、三聚磷酸鈉等混合。」

碳酸鈉和碳酸鉀是鹼水的主體，分別以7：3或2：6的比例混合，製作出鹼水。

「碳酸鈉和碳酸鉀的調配比例是我們獨家的配方，而且我們一直在研究什麼樣的麵條應該使用什麼樣的鹼水。」

只添加碳酸鈉的話，只能對麵條產生作用。靠著其他添加物的搭配組合，才能夠改變整麵的方式和麵條的口感等。

「有些香氣和風味只靠碳酸鈉和碳酸鉀做不出來。必須利用焦磷酸鈉、三聚磷酸鈉、六偏磷酸鈉等添加物補強。」

碳酸鈉和碳酸鉀以外的物質，添加的比例不過只有百分之幾，但風味卻會產生劇烈的變化。

「只加碳酸鈉和碳酸鉀的鹼水，沒有辦法消除鹼水特有的鹼味（＝阿摩尼亞和硫磺的臭味）。混入焦磷酸鈉等添加物，可以做出沒有異味的高質感麵條。」

另外，焦磷酸鈉等添加物也有強化鹼水效果的作用。如果用法得當，也可以減少鹼水的使用量。

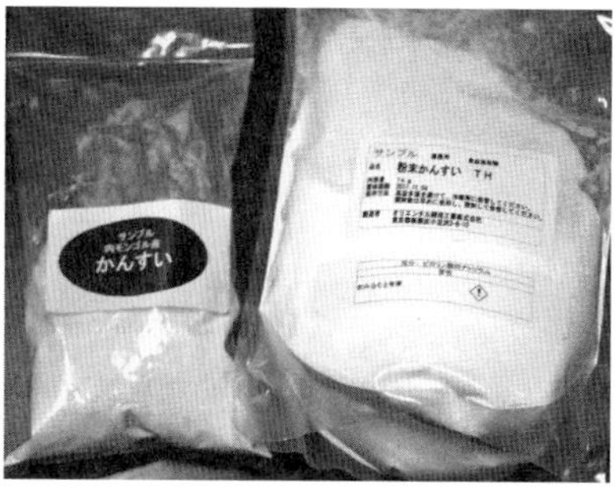

這就是鹼水。看似平凡無奇的白色粉末，可是具備把麵粉改造為中華麵的神奇力量。

◎碳酸鉀是高級品◎

「中華麵的美味在於香氣、外觀、口感。只要3者中少了任何一樣，就無法造就美味的拉麵。」

能夠將這3個要素提引出來，正是多虧鹼水的作用。

總括來說，鹼水可以發揮以下的效果：

・獨特的著色
・添加特有的香氣
・提升麵粉的麩質力（提升口感）
・提升保水性
・防止腐敗和變質

鹽能發揮緊實麵條的效果，但不具備和鹼水同樣的作用。所以不論是口感還是外觀，烏龍麵和中華麵都完全不一樣。

接到客戶的訂單後，廠商就會依照產品的需求，選擇合適的麵粉和鹼水。

如果客戶訂購的是像博多拉麵那種又脆又細的低加水率麵，那麼會摻入高筋麵粉以強調出細麵的口感。使用的鹼水則以碳酸鈉為主要成分。

碳酸鉀的著色效果好，所以不適合像博多拉麵這類顏色較白的麵條。

另外，低加水率的麵條適合使用以碳酸鈉為主要成分的鹼水。降低加水率的話，麵粉的味道會顯得濃。因為煮的時間也比較短，鹼水會一直留在麵裡，一起被吃進去。因為會吃下肚，鹼水所含的異味當然是愈少愈好，最符合這個條件的就是碳酸鈉。

「碳酸鈉和碳酸鉀會明顯提引出中華麵的3種要素，包括優缺點。我們會混入其他添加物，並調整添加比例，目的就是為了製作出更美味的麵條。」

◎就是不喜歡鹼水的某些人◎

鹼水是添加物，而且是工業製品。

標本先生表示「就是有人不喜歡加了鹼水的麵」。

「好像是有些人覺得加了鹼水的麵不容易消化。像烏龍麵就很軟，但拉麵就很硬，不好消化。」

拉麵會硬嗎？比烏龍麵還硬嗎？

鹼水會成為食物過敏原嗎？不會？說得也是。

丸山先生聽了這個問題，稍微思考了一下。

「烏龍麵的鹽分濃度比拉麵高。」

我在三河屋製麵也請教了同樣的問題。單純就麵條而言，烏龍麵的鹽分確實比較高。

「因為添加鹼水，中華麵添加的鹽分可以比烏龍麵少。」

鹽分的多寡也是讓人很在意的問題呢！

「鹼水是鹼性，所以用小蘇打粉取代鹼水，也做得出拉麵喔！」

我也聽說過把義大利麵放入小蘇打水裡，就會變成拉麵的麵條，和這個是同樣的原理吧。

「我在演講的時候說了這件事，結果大家都覺得很不可思議。因為在大家的觀念裡，鹼水是不好的東西，而小蘇打粉是好的。讓我深深體會到媒體操縱的力量真是不可小覷。」

沒錯，這段話說得很有道理。

◎謎樣的單位——波美度◎

波美度是製麵的世界中所使用的單位。例如烏龍麵就經常使用這個單位。

擀麵時加的水＝和麵水，用的是摻了鹼水的水。波美度就是用來表示其濃度的單位。

「我們會使用波美度計來測量波美度，這種儀器的外型就像溫度計。」

波美度愈高，表示濃度愈高；波美度愈低，表示濃度愈低。

把900g的鹼水溶解於18公升冷水的濃度為波美7度。如果把鹼水改為600g，波美度就是5度。介於兩者之間的750g就是波美度6度。

夏天會提高波美度，到了冬天則會降低。

「如果是自家製麵的拉麵店，差不多會把鹼水的濃度降低到波美度3度。為了避免鹼水的味道和氣味破壞湯頭，唯一的辦法是降低鹼水的濃度。」

◎其他添加在麵粉裡的物質◎

除了食品添加物，會混入中華麵的材料還有好幾項，例如西谷米。冷凍麵條就經常添加西谷米，用途是當作澱粉以營造出Q彈的口感。以米研磨而成的米粉、以馬鈴薯製成的太白粉、以玉米製成的玉米粉的用途都屬此類。

「沾麵的麵條常加澱粉，添加的比例如果超過麵粉的10%，效果應該會很明顯。就像用馬鈴薯澱粉製作的冷麵，吃起來一點味道都沒有一樣，澱粉本身是沒有味道的。吃沾麵原本是要品嘗麵條的味道，但加了澱粉後反而吃不出味道了。」

另外，為了增加麵條的透明感，麵條看起來會變得很人工。

也有單獨萃取出小麥的蛋白質，也就是麩質，將之粉末狀的製品。

「加了麩質的麵條，筋性會變強，加了就像麵粉的力量增強一樣。細麵若想增加筋性，辦法就是添加麩質。麵條的筋性如果太弱，鋒頭就會被湯頭搶走了。」

◎小麥在化為麵粉之前◎

「稻米脫殼後會剝除外側的皮，但小麥沒辦法剝皮。」

米粒是內硬外軟；而小麥剛好相反，是內軟外硬。所以即使想單獨剝除外殼，裡面也會跟著碎掉。

「而且殼會被夾到裡面，所以無法只剝除外殼。」

唯一的辦法是連殼磨成粉，再用篩子篩出內部，只留下殼。

以前把第一次過篩後得到的麵粉稱為一番小麥，把篩下來的殘渣再次粉碎再篩過的小麥粉稱為二番小麥。

目前以特等粉、一等粉、二等粉來區分等級。愈靠近小麥中心部分的麵粉，等級愈高。

「西瓜是愈靠裡面的果肉愈甜，愈往外的腥味愈重。小麥也是一樣，位於中央的一等粉，顏色潔白又好吃，比較靠近外側的二等粉，不但顏色泛黑，味道也差了一點。」

麵粉的味道會因研磨的方法而異。一等粉基本上雖然是無味無臭，但風味會依照研磨方式和品種的不同而出現些許差異。

「麵粉的香氣一加熱就會流失。在製麵的過程中，為了避免溫度升高用石臼研磨小麥時，會散發出非常濃郁的香氣。剛磨好的麵粉，味道很香。」

只要講究品種和研磨方法，就能把麵粉特有的風味表現在麵條上。

◎使用國產小麥的理由◎

話雖如此，說到製麵廠商是否對日本國產小麥都抱持著高評價，又另當別論了。

「對製粉廠來說，國產小麥原本就不是主力。第一，國產小麥的蛋白質含量不如進口小麥。而且它的澱粉有黏性，會降低作業效率，加工耗損也高。」

難道日本國產小麥真的無可取之處嗎？倒也不能這麼說。儘量消費國產農作物是目前的趨勢；澱粉有黏性雖然是缺點，但優點是甜味濃，能夠明顯吃出鮮味，覺得好吃。

「大家的接受度很高，覺得吃起來有小麥的味道。」

如同三河屋製麵所言，國產小麥的味道依種類而異；有些研磨時，除了中心也稍微保留外側部分，相當於一．五等粉的麵粉，因為多了一絲苦味，反而更加美味，不過也有些種類的麵粉，靠著本身的甜味就很好吃。

順帶一提，因為拉麵二郎採用而廣為二郎人（二郎拉麵的狂熱粉絲）所知的「Ocean」是二番粉（中層粉）。拉麵二郎的麵之所以呈淡淡的茶色，原因在於其使用的是靠近外側的二番粉。

「Ocean」是蕎麥麵的黏接材和用來製作麵包的高筋麵粉，價格比較便宜。

「二郎拉麵之所以會推出這種平價的拉麵，一開始好像是為了因應學生們喜歡大份量的需求。」

拉麵的進化果然依循著各式各樣的方向啊！

◎小麥的麩質＝麩皮基於健康的目的再次利用◎

二等粉的更外側部分，通常當作殘渣而丟棄的表皮稱為麥麩。拜最近的低醣飲食法風潮所賜，原本被棄之如敝屣的麥麩開始受到青睞。

「低醣餅乾為了降低醣類，在麵糰裡混入表皮的麥麩部分。麥麩帶有苦味，烤過後會化為香氣。」

如果像煮麵一樣煮過，苦味會殘留。所以，店家以前不會使用二等粉和連麥麩一起研磨的全粒粉，但是最近在養生風潮的抬頭下，特意選擇這種麵粉的店家變多了。正如三河屋製麵所言，很多人覺得這股苦味吃起來很美味。

不過，麥麩和全粒粉摻入的比例，僅占了整體麵粉的百分之幾。

標本先生曾試著只用全粒粉製作了麵條，結果他說：

「味道很苦，根本無法入口。」

丸山先生也說：

「感覺好像在吃蠟筆。」

味道真的有這麼糟糕嗎？

「讓我重新體會到原來小麥的味道很難聞。」

和麥麩一起被當作殘渣丟棄的還有胚芽。

「因為營養價值很高，所以備受矚目。」

和糙米因有益健康而備受矚目一樣，小麥胚芽和麥麩也開始被再次利用。

兩者原本是家畜的飼料，甚至是被丟棄的殘渣，所以成本很便宜，但只要打出有益健康的口號，價格便跟著翻漲。

和保健食品是同樣的道理。

◎麵條經過水洗會緊實的理由◎

煮好的麵條用水沖洗會變得緊實。在家裡自製沾麵時，把麵煮熟再用水沖洗，可以明顯感覺到麵條像被拉緊一樣變得緊實。為什麼會發生這種現象呢？

「熱會溶出麵條的表面。口感的關鍵在於小麥蛋白質的麩質，它的周圍被蛋白質所覆蓋。澱粉不耐熱，一煮就解體。用水沖洗麵條，等於洗掉解體的澱粉，只剩下麩質。沒有了黏黏的澱粉，麵體自然顯得緊實。」

透過一個簡單的實驗，可以用麵粉製作口香糖。首先在麵粉裡加水或溫水，不斷搓揉，再把澱粉沖洗乾淨，只剩下麩質，嚼起來就像口香糖。煮過的麵條經水沖洗後，之所以變得緊實，和這個實驗的原理相同。

因為自家製麵的風潮吹起，或許很多人以為現擀的麵條會更好吃，其實以中華麵而言，未必如此。

「麵粉和水完全混合＝使其產生水合作用，讓麩質形成，需要一段時間才能完成。」

麵條需要熟成的時間。

「把麵糰靜置一段時間或先做成麵條再放一段時間都可以，總之，水和麵粉需要一段時間才能排列均勻。」

熟成的過程會使麩質變多。

◎怎樣才是好吃的麵？◎

說到底，要符合哪些條件才稱得上是一碗好吃的麵呢？

丸山先生說每個人的定義都不一樣。

「美味與否取決於麵條與湯頭的平衡感、整體份量的平衡感、還有煮法吧。舉例而言，假設原本要煮1分鐘的麵，在30秒的時候就撈起來，因為麵條沒有完全煮熟，湯頭滲進麵裡的比例就會提高。湯頭滲入得愈多，表示麵條所含的鹼水也會溶入湯頭。如此一來，湯頭就會多了一股鹼水的異味。相對地，麵條也會沾上湯頭的味道。」

縮短麵條水煮的時間，會使湯頭多了鹼水的異味，而且湯頭會滲入麵條。

如果延長麵條水煮的時間，好處是湯頭不會受到破壞，但湯頭無法滲入麵條。

「水煮時間一長，麵條就會失去嚼勁，所以喜歡吃硬麵的人會不滿意吧。但是有些拉麵要麵軟才好吃，例如喜多方拉麵，煮軟一點比較討喜。」

但以博多拉麵來說，標榜像鐵絲一樣硬的Barikata（超硬）和只把外層麵粉洗掉的Konaotoshi（落粉，稍微燙過）反而很受歡迎。

那是因為麵條的鹼水來自異味較少的碳酸鈉，再加上湯頭強烈的個性，所以適合搭配硬麵。

「以我自己來說，點家系拉麵的時候，我會請店家把麵條煮軟一點（※家系拉麵的麵條軟硬度、醬汁和背脂的量可以調整）。家系拉麵很適合搭配白飯（※家系拉麵的標準吃法是把拉麵當作白飯的配菜）。而且我一開始先不吃麵，只吃上面的配料和湯配飯。如果麵條太硬，湯頭就會被麵條吸走，而且會混入鹼水的味道，變得不好吃。即使再美味的家系豚骨醬油的湯頭，也會減掉幾分美味。所以我才刻意把麵條煮軟一點。」

原來如此，我要趕快筆記下來。

把家系拉麵配白飯吃的時候，記得吩咐店家把麵條煮軟一點。這樣湯頭不會混入鹼水的味道，麵條也不會糊。

真有趣啊，麵的世界。

4

沾麵為什麼是溫的？

沾麵最早是某間拉麵店的員工伙食。一路發展至今，已經獲得了不亞於拉麵的廣大支持，深受消費者喜愛。吃法是先把麵條過冷水，再浸泡在熱的湯汁，讓麵條吸附了湯汁再吃。這種吃法深受日本蕎麥麵的影響，對已經習慣吃熱騰騰的拉麵的人，是一種新鮮的飲食體驗。沾麵堪稱由拉麵衍生出來的支流，為何會如此擄獲眾多饕客的胃呢？從科學上來分析，可以找出味道、溫度、味覺的平衡感等各種味覺上的理由。

◎我不懂沾麵◎

我對沾麵一竅不通。現在的拉麵店要是沒有推出沾麵反而是異數。所以，和沾麵不熟的我才是異類。我想沾麵一定很好吃。

我不記得第一次吃沾麵是什麼時候了，連店名也忘了。

我只記得當我把過了水而變得緊實的麵條浸入湯汁，入口時被半冷不熱的麵條惹得有點不開心。沾麵的麵條很粗，所以湯汁愈吃愈涼。不知道是不是湯汁的溫度不夠熱，總覺得味道吃起來不夠鮮明爽快。

在評論好不好吃之前，我更想說的是「到底要做冷的還是熱的，不能乾脆一點嗎。」如果是熱食，溫度就要夠燙；冷食的話，就要冰冰涼涼。所謂的料理不就是這麼回事嗎？半冷不熱算什麼啊，不上不下的。

第一次吃沾麵就對它留下壞印象，所以之後有很長一段時間都沒再光顧。不過，後來推出熱沾麵的店家也增加了。所謂的熱沾麵，就是端上的麵條還是熱騰騰的，沒有過水，於是我抱著嘗鮮的心態吃吃看。

比半冷不熱的麵條好吃。雖然味道不錯，但是做成普通的拉麵不就好了嗎？我的感覺是麵條很粗又燙，所以吃起來連美味也減少了一半。

我會知道「中華蕎麥 Tomi田」這個名字，是因為看了《為什麼有人花4小時在『Tomi田』排隊 日本第一的排隊拉麵店的破天荒經營哲學》（講談社）這本書的標題。

需要排隊4個小時的拉麵店？需要花4個小時排隊才吃得到的拉麵店，到底端出來的是什麼樣的拉麵？

上網一搜尋才發現，原來這間可是得過TRY拉麵大賞的超級名店。

根據《為什麼……》的資料，這間拉麵店創業於2006年。開店以後，一路以勢如破竹的氣勢，迅速發展為年營業額超過10億日幣的超級優良企業。據說這間拉麵店不開放加盟，而是以千葉縣松戶市為大本營，以直營店的方式展店。

說到Tomi田，馬上讓人想到沾麵。

據說沾麵的始祖是「東池袋大勝軒」。據說一開始是店內常客看到該店傳說級的已故店主山岸一雄先生吃的員工伙食，在好奇心的驅使下一試而引爆了沾麵潮流。讓我驚訝的是，大勝軒以一介拉麵店之姿，在拉麵界開創出全新的領域。這股風潮在山岸先生的仰慕者們的帶動下，名聲逐漸散播開來；沾麵的味道也持續改良，在日本備受支持與喜愛。由他的弟子田代浩二先生擔任董事長的「麵屋Kouzi集團」的系列店目前已展店超過100間，「中華蕎麥Tomi田」便是旗下的店鋪之一。

沾麵的知名度逐漸打開，備受喜愛，我想絕非偶然，背後一定有其原因，而且這個理由應該連我都能夠理解。

照理來說，我應該造訪的是沾麵的創始店大勝軒。但一來創始者山岸先生已經作古，味道目前改由弟子傳承下去。而Tomi田不但由直系弟子打理，而且表現在集團中特別突出，受到很高的評價。

由此看來，為了知道沾麵發展到目前型態的來龍去脈，到Tomi田吃碗沾麵應該是最好的選擇了。

因此，我搭上了電車，抵達首次造訪的千葉縣松戶市車站。

抱著要等4個小時的心理準備。

我從早上9點開始等，等了又等，終於嘗到Tomi田的沾麵。

Tomi田的沾麵讓我大受衝擊，原來我對沾麵誤會大了。

沾麵一定要半冷不熱才行。

◎到「中華蕎麥Tomi田」吃沾麵◎

當天早上7點半我從家裡出門，歷經換車再加上從車站步行前往的時間，我在早上9點抵達了Tomi田。當天是平日，孤零零地出現在住宅區一角的店面仍是一片漆黑，尚未開始營業，周圍一個人影也沒有。我惶恐地往內探頭，引起了某個年輕店員的注意，他走出來告訴我「請先買好餐券」。我想第一次來還是點基本款吧，所以選擇了「蕎麥沾麵」。

把餐券交給店員後，他向我表示「請依照餐券的時間過來，如果超過時間就視同取消」。

餐券上註明的時間是13點55分。

我原本預估的4個小時變成了5個小時，讓我覺得有點受到打擊。因為我起初天真的以為都挑平日去了，應該只要排3個小時就差不多了。

在我來之前，已經有幾個人先到了呢？聽說店家從早上7點接受預約，那麼一早才7、8點就有好幾十個人來到松戶了嗎？

我原本想得很輕鬆，打算去看場電影來打發等待的時間，但到了現場才了解這段時間說長不長，說短不短，很難安排。如果去電影院看完電影再趕回來，時間勉強來得及。但是時間配合得上的電影偏偏是魔法少女的動畫片，實在和我平常看電影的品味相差太遠。無可奈何之下，我只好走進車站旁邊的一間酒館，一邊喝著啤酒，一邊想著該怎麼辦。

喝著啤酒的我，愈想愈覺得自己很沒用。理由不是我擔心從早上9點半就開始喝啤酒的行徑是不是像個廢人，而是我發現這間酒館超過一半的桌子都有人，在我環視了店內之後，我發現每個人都好有精神，一副生龍活虎的樣子。

4個小時之後，我又回到了Tomi田。雖然距離預約時間還有10分鐘左右，但還有7～8個人靠著牆壁在排隊。

該說是熱情還是個性一板一眼呢？而且在現場等待的人，還遇到小雨，雖然被淋溼了，但沒有人開口抱怨，大家的耐性實在太了不起了。

終於輪到我的號碼了。

我在吧檯前的位置坐了下來，瀏覽著貼在牆上的告示。

「本店僅限為點沾麵的客人提供稀釋過的湯頭，湯頭是以瀨戶內魚乾熬煮的清爽湯頭。」

所謂稀釋過的湯頭，是不是相當於吃蕎麥麵時，店家提供的煮麵水呢？已經吃習慣的人覺得理所當然，但初體驗的我覺得很有趣。

店裡也有池袋大勝軒的山岸一雄先生的簽名：

「松戶有美食，尤其是特大碗蕎麥麵，滋味最難忘。」

糟了，我應該點特大碗的。

店員傳來「讓你久等了」的招呼聲，我點的蕎麥沾麵上桌了。

麵條是粗細和烏龍麵有得比的灰色粗麵。湯汁濃稠厚重，表面還撒了魚粉。還有兩種叉燒肉，肉很大塊。

拉麵的美食評論常常會出現「麵相很好」的形容詞。我本來沒有想太多，單純以為指的是麵條的外觀很漂亮，其實並非如此，意思是很美味。以麵條率先登場的沾麵而言，充滿魅惑感的迷人麵條，也是誘發食慾的要素之一。

Tomi田的麵條閃閃發光，排得井然有序，的確是「麵相」頗佳，而且是非常上相的麵條。

把麵條裹上熱熱的湯汁，再一口吸入我最不喜歡的溫麵條。我下意識地重複吸麵的動作，吸了好幾口才發現不對勁。

一層疊上一層的鮮味，宛如破裂的膠囊，從舌尖逐漸擴散到舌頭的每一處，最後，鮮味充盈整個口腔，食慾也立刻被猛然喚醒。

好吃、好吃，這碗麵實在太好吃了！

我知道為什麼它被稱為蕎麥沾麵了。日本的蕎麥麵有冷的吃法，而沾麵就是拉麵版的冷蕎麥麵。日本蕎麥麵的重點是享受蕎麥麵本身的風味，而沾麵則是品嘗鮮味。

我啜了一口沾麵的湯汁，發現濃到無法單喝。魚粉的顆粒太粗，吃起來像嚼沙子。如果不能接受沾麵的麵條，就無法享受鮮味了。

為了將鮮味發揮到極致，所以才選擇以國產小麥製成的粗麵吧。如果選擇細麵，鋒頭就會被濃郁的鮮味蓋過，伴隨著鮮味出現的鹹味和甜味可能會顯得太過尖銳。

中華蕎麥 Tomi田
地址：千葉縣松戶市松戶1339高橋大樓1F
營業時間：11:00 ～ 15:00
※若麵條和湯頭已售完則提早結束營業
公休日：星期二
洽詢： 047-368-8860
http://www.tomita-cocoro.jp/

另外一個理由可能是細麵不耐放，放久了會變硬。就物理條件而言，細麵不適合當作沾麵使用（不過最近也有在麵裡淋上昆布高湯，除了添加鮮味，也可以預防麵條黏在一起的沾麵登場，類似日式涼麵的做法）。

這碗麵的溫度也不一樣。即使是溫的，溫度也不一樣。

我以往吃過的沾麵，都溫過頭了。麵條放進去之後，湯汁的溫度降得很快，嚴格說起來，根本是一下子就冷掉了。但「Tomi田的麵條始終保持常溫，不會變得太涼。湯汁含有的脂肪可以發揮保溫的效果，延緩麵條變涼的速度。吃的時候，感覺入口的溫度只比一般的拉麵低一點點，但比體溫高出許多。而且這個溫度一直持續到吃完最後一口麵。

我覺得這個溫度和鮮味並不是沒有關係。比拉麵稍低，但要比體溫高了一點的這個溫度，應該是提引出所有濃縮在湯頭中的鮮味的最大功臣。

如果說Tomi田的沾麵就是沾麵的典範，那麼所謂的沾麵，就是一種為了讓人盡可能享受到濃郁到不可思議的鮮味，使麵條與溫度保持最適當狀態的麵食料理。

◎去見味博士◎

味道真是不可思議。咖啡很苦，但加了砂糖會變得如何？苦味會馬上減淡，而且甜味會搶先苦味一步現身。苦味減淡，並不是苦味成分發生了變化。如果進行成分分析，苦味成分和甜味成分應該會同時並列吧。既然如此，為什麼唯獨苦味會變得不明顯呢？

也難怪味博士鈴木隆一先生會告訴我味覺很難加以客觀地定量化。

鈴木先生是ＡＩＳＳＹ株式會社的董事長，也是味覺感應器「ＬＥＯ」的開發者。「ＬＥＯ」使用模擬人類神經的人工神經網路型電腦，學習人體進行的官能評價與感應器所顯示的數值之間的關係。這個味覺感應器具備近似人體味覺的感覺，所以和人一樣，只要咖啡加了砂糖，就不會感應到苦味了。

「ＬＥＯ」的感應能力非常優秀，它不但巧妙地識破製作剉冰時所用的糖漿，不論是藍色夏威夷、草莓、還是哈密瓜，統統都是同一種味道，甚至也發現悲傷時流的眼淚是鹹味，悔恨不已時流的眼淚帶酸味，而開心時流的眼淚帶甜味（！）。

鈴木先生本身也是個重度拉麵迷，熱中的程度甚至到可以用拉麵為主題進行演講。他在大學時期曾經化身為救援專家，幫助學校附近一間生意不佳的拉麵店東山再起，所以對拉麵店的內幕知悉甚詳。我想，身為味道專家，同時對拉麵也瞭若指掌的鈴木先生，應該能夠告訴我溫度與味道之間的關係吧。

「大家都知道，味覺有甜味、鹹味、苦味、酸味、鮮味這5種吧。其中的鹹味和酸味的成分是離子（味道的要素處於帶電的狀態）。說得清楚一點，鹹味是鈉離子，酸味是氫離子，對溫度的依賴度很低。甜味、苦味、鮮味都是分子，所以附著在味蕾的方式會受到溫度的狀態改變，也就是說必須仰賴溫度。」

有味道會依照溫度而改變嗎？

「這個問題的重點是並非所有的味道都會受到溫度影響，如果是全部都會受到影響就好辦了。比方說適溫時最能明顯感覺到味道，溫度提高的話就不容易感覺到之類的。但實際上並非如此，像鹹味和酸味即使溫度改變，味道也幾乎不會出現變化。」

以溫度造成的變化而言：

- 鹹味和酸味不會產生改變
- 甜味、苦味、鮮味會改變

所以，我們若以不會因溫度改變的味道搭配會改變的味道，就能夠使整體味道依溫度產生變化。

◎因溫度而產生變化的味道要如何取得平衡◎

「基本上，愈接近體溫的味道，我們感受得愈明顯。喝了變得不冰的冰咖啡和果汁，是不是覺得味道好像變甜了？冰冷會降低對味道的敏感度，但愈接近常溫，就覺得味道愈強。」

如果是軟性飲料和冰淇淋，因為甜味很強，即使不冰了，對整體的味道也不太會造成影響，頂多覺得變得更甜膩了。

以味覺感應器「LEO」分別測量溫度為5度、10度、15度、20度的柳橙汁，所得到的結果也證實甜味會隨著溫度上升而增強。

另外又針對桃子的味道與溫度的關係進行調查，結果也證實了兩者的相關關係。

調查5～25度的桃子的味道之後得知，桃子的甜味隨著溫度的上升增加，酸味卻隨之減少。並非酸味本身發生變化，而是因為甜味的增加，產生酸味受到壓抑的感覺。這種現象稱為味道的抑制效果，和砂糖造成咖啡的苦味似乎減少的錯覺是同樣的原理。味道並非單純之物，比我們想像中複雜。

很多人都知道水果先用自來水沖涼，或是要吃之前先從冰箱拿出來放一下比較好吃，都是基於水果的甜味會得到強化的經驗法則。

「以拉麵而言，最突出的味道是鹹味和鮮味吧。我想，雖然每間拉麵店都各花巧思，努力安插酸味和甜味的位置，不過基本上就是鹹味和鮮味這兩個味道吧。」

鹹味不會受溫度的變化而改變，但鮮味的味道會因溫度而變。

溫度下降時，鹹味保持不變，但鮮味的感受性卻會被削減，所以我們會覺得「拉麵變鹹了」。接近體溫的溫度，最容易感覺到鮮味。但溫度如果太燙，對鮮味的感受度又會降低。

據說甜味和鮮味的臨界值在口中溫度（即口腔內溫度）達30度左右會降低。當溫度接近體溫時，最容易感覺到味道。

「鹹味和鮮味的強弱比例會因溫度改變。即使是同一碗拉麵，吃起來的感覺不會從頭到尾都相同。即使是非常美味的拉麵，放涼了就不好吃，因為溫度改變了味道的比重。」

連魚粉都加進來所營造的濃厚感，用意是即使麵放涼了，也能明顯品嘗出鮮味。其實，考慮到熱騰騰的麵條上桌後會逐漸變涼，應該連湯汁的比例也要跟著調整。

這樣我就心服口服了。

熱沾麵之所以讓我覺得不對勁，在於店家沒有注意到溫度對味覺造成的變化，導致讓最適合溫溫品嘗的湯汁，變成在高溫狀態時讓客人品嘗。

◎補充鮮味就能增添美味嗎？◎

剛才提到加魚粉是為了增加鮮味，那麼，鮮味的含量是否和美味呈正比呢？絕非如此。

「如果鮮味愈多就愈好吃，那只要加一堆麩胺酸就好了。只有鮮味突出的話，稱不上美味，因為只吃得出蛋白質的味道。蛋糕最明顯的味道是甜味，但也搭配了水果的酸味；如果是蒙布朗，栗子的微苦澀味也很重要。我們不可能直接吃鹽巴或砂糖吧。」

鮮味也一樣；只添加鮮味成分，並不表示美味也會跟著增加。

「有了主力的鹹味和甜味，再加上提味的酸味和苦味，才能成就一碗絕妙的拉麵。拉麵界的競爭不是普通激烈，我確實感覺到各間拉麵店為了提引出更多的鮮味而煞費苦心。對於消費者而言，美味也必須具備新鮮感，即使是目前大受歡迎的店，也必須求新求變。」

拉麵的湯頭始於最經典的雞骨高湯，到現在已是百家爭鳴的狀態，除了海瓜子、鯛魚、秋刀魚、香魚、螃蟹等魚貝類，也有鴨肉、牛肉等肉類，種類推陳出新。有些店家的湯頭甚至還混合了4、5種高湯。

「味道的種類並非無限，所以最後還是會循環。」

◎味道的對比效果和抑制效果◎

強化鮮味可以抑制鹹味的機制到底是怎麼一回事呢？

「其實類似腦部的錯覺，稱為味道的對比效果。」

西瓜撒了鹽，吃起來覺得更甜。

明明加的不是糖，甜味卻變強了，這就是「味道的對比效果」。如果混合了2種以上的味道，會有1種或2種味道變強。

順帶一提，相較於利用甜味可抑制酸味的「味道的抑制效果」；鮮味搭配鮮味，使兩者的味道都得到強化的效果則稱之為「味道的相乘效果」。

「味覺其實很容易產生錯覺。日式剉冰的糖漿明明都是一樣的味道，但靠著香料和色素的添加，就能夠產生味道不一樣的錯覺。鮮味一多，也會產生好像有鹽分的錯覺。」

但鮮味過多的話，食物反而變得不好吃。

「所謂的美味，除了食物原本的味道，都是再利用味道的對比效果和抑制效果，以減一分則太瘦、增一分則太肥的比例調配出最完美的味道。有一點可以肯定的是，酸味和苦味負責將味道提引出來。」

炸雞塊淋上了檸檬汁，味道就顯得沒那麼鹹和油膩，變得清爽許多，這是因為整體的味道被導向酸味的結果。苦味也可以發揮同樣的效果。

「甜味和鮮味及鹹味的組合，可以把彼此的味道加強到一定程度。」

當然，如果撒了大把的鹽，或者加了成堆的砂糖，味道就會失衡，變得過於甜膩或太鹹。

「若把人對味道的基準值最多設到4，那麼鮮奶油蛋糕的甜味是3.8，吃起來覺得非常甜。不論是甜味還是鹹味，只要超過4，就會吃不出其他味道，只吃得出甜味、鹹味或鮮味。單一的強烈味道會蓋過其他味道。」

依照鈴木先生等人的基準，鮮味能夠發揮使鹹味感覺像是增加的作用，但最多到4，如果超出4，就感覺不到鹹味了。

「對比效果是成就美味的必要條件，但如果添加過量，多到抑制效果產生也不行。」

◎酸味是稍縱即逝的味道◎

據鈴木先生表示，日本人愈來愈能體會酸味和苦味的美妙之處。

「以紅醬為底的義大利麵和以優格製作等口味偏酸的料理和食品，最近不是很受歡迎嗎？還有帶有苦味的抹茶，消費者的接受度也很高。鮮味搭配酸味、鮮味搭配苦味的兩種組合很受歡迎。」

或許這樣的飲食喜好也反映在拉麵上了。

「雖然只差個幾秒，5味之中，我們最先接收的味道是酸味。不過，酸味維持的時間很短，一下子就消失了。酸味的成分是氫離子，會被唾液中的重碳酸根離子中和，所以殘留的後味裡不會有酸味。即使口中殘留著甜味或苦味，但酸味一定馬上就消失了。」

如果是酸味搭配鮮味的組合，酸味也一樣馬上消失無蹤，只留下鮮味不斷累積。魚貝類的高湯如果太過濃郁，即使一開始喝得出酸味，只要多喝幾口，就會覺得愈喝愈好喝。原因並不是舌頭已經習慣湯頭的味道，而是因生化反應使酸味消失。

「番茄麵是很普遍的料理吧，很多地方都吃得到。有些店家為了提味，說不定添加了抹茶呢。」

以前我試過把即溶咖啡加進泡麵裡，看看會不會變得更好吃。因為我聽說在咖哩加點即溶咖啡粉提味，滋味會變得更好。所以我想如法炮製，看看泡麵會不會變得更美味。

實驗的結果頗為成功。我在一碗泡麵裡添加了1/3小匙咖啡粉，結果明顯變得更好吃。不過真的只能加一點點當作提味，如果不小心多放了一點，就會吃到咖啡味。少到吃不出來的苦味，能夠巧妙地抑制鹹味和鮮味，將整體的味道烘托得更加美味。

◎布丁咖啡拉麵好吃嗎？◎

所謂的味道香醇，據說是5味都湊齊的狀態。不過，是不是5味的比例皆保持相同，就能組合出美味呢？答案是否定的。

「5味比例都一樣的正五角形的味道，其實是最不美味的。」

如果缺乏突出的部分，人不會覺得好吃。

「請把布丁放進咖啡裡，再把這份布丁咖啡放進拉麵裡吃吃看。5種味道都在這碗布丁咖啡拉麵裡了，但不用實際吃也知道，味道一定很恐怖吧。」

咖啡提供了酸味和苦味，甜味由布丁負責，鹹味和鮮味則源自拉麵。5種味道不但共聚一「碗」，而且強度都勢均力敵。如果5味都有就會好吃，那麼這碗布丁咖啡拉麵應該會很可口，但實際並非如此。

「美味的食物都是有2種或3種味道特別突出。以蛋糕來說，就是酸味和甜味；拉麵的話，就是鹹味和鮮味。沒有一樣美食是5種味道全包了，而且強度還都一樣。」

如果每一種味道都有，只會互相抵銷，變得吃不出來是什麼味道。就像色彩一樣，把所有的顏色混在一起，最後會變成黑色。

「湊齊5種味道，但只有2、3種特別突出，讓其他味道扮演提味的角色，才能夠成就美味。」

◎吃「溫」的拉麵◎

山形縣是日本拉麵消費量排行第一的縣，有趣的是，他們對拉麵的吃法也有獨特的堅持。我想多少有人知道，冷拉麵（不是日式涼麵，拉麵的湯頭原本就是涼的）是山形特有的拉麵型態。

標本先生和玉置豐先生還告訴我，其實山形還有所謂的「溫」拉麵。不是涼的，而是溫的拉麵。聽說點拉麵的時候，可以選擇要熱的拉麵或是溫的拉麵。

從在拉麵消費量全日本第一的縣都吃得到溫的拉麵這點看來，表示味博士之前說過當溫度接近體溫時鮮味最明顯的說法，應該有很高的可信度吧。

我在東京試著找找看有沒有賣山形拉麵的店家，結果找到了位於神保町，以不添加化學調味料為訴求的山形拉麵店『麵 Dining Kokoto』。

接到我的電話，聽到我的詢問「可以提供溫拉麵嗎」之後，女店主馬上很爽快地一口答應「沒問題」。

畢竟機會難得，我其實很想也點碗熱的拉麵吃吃看，比較兩者的差異，但胃只有一個。當我看著菜單，遲遲無法決定時，對方好意提醒我「也可以點迷你碗唷」。於是我厚著臉皮請對方提供平常沒有提供的醬油迷你熱拉麵和溫拉麵。

我什麼都想點來試試看。

首先上桌的是熱拉麵。

我吃到的是一碗好吃的醬油拉麵。醬油和雞高湯的味道融為一體，讓我忍不住一口接一口，吃得欲罷不能。山形拉麵我是第一次吃，但這碗湯頭以雞高湯為底的美味拉麵，非常對我的胃口。喝起來沒有化學調味品味的湯頭非常耐人尋味，只能說鮮味與醬油的組合太強大了。

緊接著登場的是溫拉麵。

原本就是吃溫的，不是熱的。溫度只比用溫水洗碗時的水溫再高一點。入口後覺得出乎意料。口味和剛才的拉麵截然不同，口感圓潤，吃得出微微的醬油味，但也知道高湯的鮮味來源另有其物。醬油與高湯涇渭分明，但是味道並不是各自為政，而是從細微之處做出區別。

所謂的溫拉麵，指的就是這個溫度嗎？我想這個溫度和Tomi田的沾麵差不多。

至於熱拉麵和溫拉麵哪一樣比較好吃的問題，單純就味道而言，溫拉麵獲得壓倒性的勝利。但熱拉麵也很美味，所以我想每個人的喜好應該不一樣。

店主告訴我，她的母親也在經營拉麵店，而且店內的員工伙食也一直是溫拉麵。她說溫拉麵適合在忙碌時迅速解決一餐，而她自己也比較喜歡溫拉麵。只是想到溫拉麵一直被當作員工伙食，所以沒有把它列入店裡的菜單。

據說山形的山菜蕎麥麵，吃法是把山菜放入鍋子煮熟，再放入沖過水而變得緊實的蕎麥麵稍微汆燙再吃。我想，溫拉麵的作法大概就是把山菜蕎麥麵的蕎麥麵換成拉麵吧。麵條已經變得很緊實了，所以對講究麵條口感的人而言，這種吃法也相當有魅力吧。

拉麵只能吃溫的，這就是我今天的結論。

麵 Dining Kokoto
如果想嘗試溫拉麵，請在點餐時註明「請幫我把拉麵做成溫拉麵」。
地址：東京都千代田區神田小川町3-10-9齊藤大樓1F
營業時間：11:00 ～ 23:00（L.O.22:30）
公休日：全年無休
洽詢：03-5577-4404

5

何謂無化調拉麵？

一但開始關注拉麵，開啟「吃過一間又一間」的模式之後，一定會看到一個想忽略都難的關鍵詞，也就是「無化調」，意思是沒有添加化學調味料（人工鮮味劑）。但我有一個疑問，為什麼有些店家不使用化學調味料呢？就科學上的觀點而言，使用化學調味料和無化調的拉麵有什麼不一樣嗎？走在日本的大街小巷，隨處可見「無化調拉麵」。本章由報導加工食品的記者中戶川貢先生為各位進行導覽，讓讀者了解加工食品的現狀。

◎也有一些人討厭拉麵◎

相對於某些沉溺於拉麵而無法自拔的重度拉麵狂，也有些人對拉麵厭惡到了極點。不但自己一口都不碰，也不讓孩子吃。尤其是看到即食麵，更是將之視為一吃就會立刻身亡的猛毒，毫不留情地拒絕到底。

至於原因為何，一言以蔽之，可能是基於「拉麵有害健康」的印象。

但是，我不是很能夠理解這樣的想法。如果只吃拉麵，我想對身體自然有害無益。即使如此，難道真有必要視拉麵為毒物，避之唯恐不及嗎？

報導加工食品現況的記者中戶川貢先生，以加工食品有害身體，不可攝取過量的角度為出發點，一年進行80場以上以食育為主題的演講。他曾經任職於供貨給拉麵店的食品廠，所以對拉麵業界的內幕瞭若指掌。熟悉的程度甚至到還出版了彙整不使用化學調味料的拉麵店名單的《無化調拉麵ＭＡＰ》（Hantsu遠藤／幹書房）。

對拉麵愛之入骨與對拉麵恨之入骨的心情，他皆能感同身受。

我向身為拉麵通的中戶川貢先生，請教了一個難題。
到底拉麵吃了是有益健康還是有害健康呢？

◎無化調拉麵的成本昂貴◎

拉麵店最近的趨勢是標榜不使用化學調味料（＝無化調）的店家愈來愈多了。簡單來說，他們不使用以麩胺酸和肌苷酸等為主要成分的化學調味料（正式名稱為人工鮮味料，以下統一稱為化學調味料）製作拉麵。我學生時代光顧的拉麵店，在碗裡同時舀進醬汁和1大匙白粉，是每間店約定俗成的習慣，所以與目前的潮流做一對比，不禁有恍如隔世之感。

其實我能夠理解，強調無化調，也算是為了區別出產品特性的一種策略。

但是，無化調必須付出昂貴的代價。

濃厚魚乾系拉麵或水泥系拉麵，每一碗使用了大約70～150g的小魚乾，熬煮到魚乾在湯裡化為無形。熬煮好的湯頭呈深灰色，這也算是無化調拉麵的一種。

滋味極為鮮美，但如果在家如法炮製：

小魚乾 400g 700日幣

雞架子2副 300日幣

日高昆布 200日幣

內臟雜碎 300日幣

蔥3支 190日幣

大蒜1瓣30日幣

豬肩里肌肉 450g 600日幣

中華麵4份 400日幣

總計 2720日幣。以上材料為4碗份拉麵，只有4碗。

一碗的成本約為 700日幣。

一般而言，成本大約占售價的3成，換言之，如果售價低於 2000日幣就會賠本。但這麼貴的拉麵要賣給誰？更重要的是，花了5個小時才完成，但味道居然不怎麼樣。到頭來，還是得一肚子辛酸地在碗裡撒入大把的味精。撒了味精之後，孩子聞香而來「爸爸你剛才在碗裡加什麼東西啊？哇，好好吃！」

身為爸爸的我，忍不住為自己掬一把辛酸淚。

只要一加麩胺酸，味道就變得不一樣。味道沒有起伏，不是在店裡吃到的口味，要靠這個味道贏得百名店的殊榮或是爭取ＴＲＹ大賞是不可能了。真的，拉麵還是要交給專家才行。

更何況我們外行人和專業人士採購的管道應該也不一樣，不過就算如此，無添加的無化調拉麵，和使用化調的拉麵相比，成本明顯超出一大截。要做出符合水準的味道，除了花費龐大的食材，也需要高超的技術。我原本以為個人經營的拉麵店，因為規模小，還有辦法應付得來，但是有些連鎖拉麵店，也會標榜自己是無添加、無化調。

不惜提高成本和犧牲利潤，而且更費工夫，卻還是堅持無化調的理由是什麼呢？

◎味覺破壞3人組和無化調風潮◎

現在是健康風潮大行其道的時代。動不動就提到排毒、解毒。所以，無化調拉麵的登場，也是這股健康風潮下的產物嗎？

換個角度來看，堪稱垃圾食物之首的拉麵，是否也會受到健康潮流的影響呢？吃無化調拉麵會比較健康嗎？

中戶川先生說並不會。

「首先，我們先釐清無化調的拉麵店是否增加的問題。其實，只是不必稱之為化學調味料的化學調味料變多了。」

？

化學調味料不就是化學調味料嗎？我有說錯嗎？

好像是錯了。

看看即食麵和冷藏拉麵的成分表，上面都會標示著酵母萃取物和蛋白加水分解物。其實這些都是新型的化學調味料，但是被當作食品，而不是被分類為化學調味料。但實際上，它們都是化學調味料。

「舉例而言，就算原料名稱是雞肉萃取物，其實就是酵母萃取物和蛋白加水分解物。只是如果使用的是雞肉，就會標示為雞肉。」

據說，所謂的魚貝萃取物和牛肉萃取物，裡面也可能含有酵母萃取物和蛋白加水分解物。

酵母萃取物是以人工培養的方式，使「酵母」製造出胺基酸等鮮味成分，有異於化學調味料是讓「細菌」製造胺基酸等鮮味成分，所以不被分類為化學調味料，但用法和化學調味料一模一樣。

只要使用了酵母萃取物和蛋白加水分解物，那麼就算標榜自己是不使用化學調味料，也不具任何意義。

「我自己把化學調味料、酵母萃取物、蛋白加水分解物稱為破壞味覺3人組。」因為這3者具備強烈到足以破壞食材原本滋味的鮮味，等同於破壞味覺。

「我認為人是生物，所以會覺得有營養的東西很好吃。」胺基酸就是被當作判斷的指標。說起來也是理所當然，因為人的身體由蛋白質所組成，如果不覺得胺基酸是美味，就會因營養失調而喪命。

化學調味料、酵母萃取物和蛋白加水分解物，都是經過純化的胺基酸和核酸等，直接刺激味覺的成分。

「不添加化學調味料就是無化調，但是加了酵母萃取物和蛋白加水分解物，等於還是仰賴人工調味。結果造成魚乾和雞骨的使用量減少，煮出來的拉麵變成營養不良，但是吃了卻覺得好吃到全身顫抖。現在愈來愈多的，就是這種無化調的拉麵店。」

◎營造出營養豐富的假象才是問題◎

中戶川先生向我表示，知道拉麵的現況後，請你改變原本要問的問題。

「我覺得基於對身體不好的理由，所以不吃已經是過時的想法了。因為現在的飲食已經都剔除身體所需要的部分，消費者自己要想辦法解決這個問題。」

至於添加物有益還是有害身體的問題，大家大可不必擔心，因為有厚生勞動省等政府機構負責把關，確保其安全性，只要符合基準就不會有問題。

但是，當出現健康方面的疑慮時，表示現行的基準也必須改變了。

「假設這裡有2碗拉麵，一碗是仰賴化學調味料調味的日幣400圓拉麵，另一碗要價日幣800圓，湯頭由大量的食材熬煮而成，大家覺得哪一碗比較健康？以營養價值而言，明顯是後者勝出。」

使用化學調味料的方便之處在於，可以做出便宜又美味的拉麵。但是，若從營養價值為出發點，使用化學調味料是有百害無一益。使用各種食材熬煮而成的湯頭，雖然不一定保證美味，但維生素和礦物質都溶解在湯裡了，可以補充身體所需要的營養。

「按照我的說法，化學調味料並不是毒藥，但會造成弊害。」

添加化學調味料的拉麵，等於是名不符實的拉麵，因為它的味道並不是來自食材。店裡賣的拉麵到底怎麼做的、加了什麼材料，消費者無從得知。原以為是無化調，所以可以安心食用，殊不知裡面可能添加了新型的化學調味料。

「有些專家認為，比其湯頭，麵條的添加物所造成的問題更多。因為有些店家為了改善麵條的口感，會添加丙二醇之類的添加物。」

另外還有一個隱憂是，鹼水中含有的磷酸鹽，會阻礙鈣質等礦物質的吸收，造成礦物質不足。

「麵條的添加物雖然不至於像合成防腐劑和人工色素具有致癌性，但是在腸子會與礦物質結合再排出體外，所以會產生體內缺乏礦物質的弊害。」

換言之，湯頭添加了化學調味料的低營養拉麵，其中的麵條和磷酸鹽會阻礙礦物質的吸收，造成原本就不高的營養價值又再打折扣。

「大家知道豆腐會加消泡劑吧。」

製作豆腐的過程中，黃豆所含的皂素會起泡，所以必須添加消泡劑以抑制泡泡產生。有環保意識的人常常抨擊這一點；我之前也在網路上讀到有關豆腐該不該使用消泡劑的文章。

「消泡劑會被豆渣吸附，本身不成什麼問題。所以消泡劑的添加與否，無關豆腐的好壞。重點是消泡劑並不是豆腐含有的成分。」

如果和添加物無關，那麼什麼樣的豆腐才算是好豆腐呢？

「要符合幾個條件，包括豆漿是否濃郁、用的滷水不是工業製品的葡萄糖酸內酯或硫酸鈣，而是來自海水的天然滷水、含有粗製海水氯化鎂或氯化鎂含有物。」

但是消費者不可能知道得如此詳細。只要在書上或雜誌上看到消泡劑有害身體的報導，就很容易產生沒有使用消泡劑的豆腐＝好豆腐的迷思。

「所以廠商為了迎合消費者，才會說不加消泡劑的豆腐好。因為只要說它好，銷路就會跟著上揚。」

無化調拉麵之所以受到追捧，也是基於同樣的理由。

「講究食物的品質是好事，但一知半解的人，可能會被無化調這3個字騙了。」

◎無化調拉麵店的內幕◎

話雖如此，貨真價實的無化調拉麵店，也不是一間都沒有吧。

必須符合哪些基準，才稱得上是真正的無化調拉麵店呢？

「只能仰賴店主的人品吧。」

……這算回答嗎？怎麼可能知道對方的人品。

「在店裡吃到的拉麵並不會標示出材料名。唯一的辦法就是和店主混熟，慢慢試探對方對化學調味料等添加物的態度。即使店主抱持著無化調的信念，但是他可能沒有注意到自己使用的醬油，是否有另外添加胺基酸；或者是只有限定款的拉麵才使用業務用的無化調湯頭，但是裡面添加了○○萃取物……要找出真正的無化調拉麵店，真的非常困難。」

所以事實上幾乎是找不到了，剩下的就是看自己願意讓步多少了。

只憑味道吃不出來嗎？

「光靠味道無法判斷。我在調查食品添加物的過程中，無可避免地也吃了一些加工食品的味覺破壞因子，或許舌頭已經麻痺了。所以我沒有自信能夠辨別是不是無化調。」

如果連中戶川先生都吃不出來，那還有誰吃得出來啊。

「長年吃有機食品，或者是實踐長壽飲食法、吃無添加自然食品的人吃得出來。實在是太讓我羨慕了。」

原來如此。只要舌頭保持靈敏度，就可以吃得出化調和無化調的差異呢！

「有些人特別敏感，可以感覺到嘴巴殘留著一股很人工的味道。」

很多店不是都會貼嗎？標榜自家用的是伊吹的魚乾或羅臼昆布之類的，還有人說自己用的是名古屋的土雞。難道看到那些說明還不能讓人放心嗎？

「強調自家用的是什麼食材當然沒問題，但如果貼出本店完全不使用化學調味料的公告，很可能會引起附近拉麵店的反感，甚至做出報復的舉動。」

不會吧，真的假的？

「自己用的是安全性受到國家認證的化學調味料，但是偏偏有店家卻說自家拉麵沒有使用化學調味料，很安全。叫這些店家聽了情何以堪？於是他們會在美食網站給予該店家負評，或者在2chan論壇散播惡評。強調自己沒有使用化調的店家，可能就此生意變得蕭條，最後只能關門大吉。所以，無化調的拉麵店大多不願張揚，行事很低調。」

原來拉麵界也有黑暗的一面。

「而且，舌頭已經習慣化學調味料的人，對真正無化調的拉麵店反而評價很低，因為不覺得好吃。所以，有些評價很低的店，在我心目中確實相當美味。」

沒想到拉麵還有這麼多眉角。

另外，一旦打出無化調的名號，也很容易被自然食品的重度使用者（嚴格避免攝取添加物的人。舉例而言，據說即使是號稱無添加的洋芋片，他們也會基於油炸時會產生具有致癌性的丙烯醯胺的理由不想吃，標準非常嚴格）放大檢視，等於給店家自己找麻煩。從另一個角度而言，如果店家選擇擁抱無化調，店主也必須做好有關添加物的功課。

「就算是無化調，也不能把湯頭做得像白開水一樣淡而無味。如果從食材萃取的鮮味不足，表示礦物質等營養不夠。另外，使用大量的食材熬取高湯，最後加入少量化調，使整體的味道更為協調，我認為這才是化調最適當的使用方式。」

另一個問題是，有心推出無化調拉麵的店家，他們的自尊心也無法接受自己和其他號稱無化調，其實卻使用酵母萃取物和蛋白加水分解物的店家被人相提並論。

「所以很多店家不會大肆宣揚自己不使用化調。」

中戶川先生表示如果發現這樣的店家，即使排隊也要吃。

「與其在意是不是無化調，湯頭是否用大量的食材熬煮才是重點。食材充足的話，表示營養豐富。尤其是礦物質的含量更是豐富，可能在外食中表現最佳。但是，湯頭的鮮味如果是仰賴化學調味料的偷工減料拉麵，吃了只等於攝取過量的鹽分和熱量。拉麵的品質落差很大，好的營養豐富，壞的徒增肥肉。」

中戶川先生為了鼓勵消費者選擇對身體有益的拉麵而不斷努力推廣，但是這項挑戰的難度並不低。

◎無化調拉麵店的內幕◎

一般而言，說到大家為什麼覺得拉麵有害健康，應該是因為會攝取過量的鹽分和熱量吧。

「油脂密布的拉麵，熱量高到破表。再加上叉燒肉，等於碳水化合物、蛋白質、脂質都有了。但是，湯頭仰賴破壞味覺3人組的拉麵，會缺乏5大營養素中的礦物質和維生素。」

如果要吃添加化調的拉麵，必須對它的特性先有個底。

「不是拉麵本身的問題。員工餐廳的伙食也好，餐廳的定食也好，為了達到價廉物美的目的，餐點本身的營養都乏善可陳。營養不足的情形絕對不是拉麵特有。」

使用破壞味覺3人組製作的業務用湯頭和醬汁，味道好得驚人。只要以熱水稀釋，味道和耗費長時間用大量食材所熬煮出來的湯頭沒有兩樣。據說連用全雞熬成的湯頭也可以買現成品。

「不必一早起來備料，只要把冷凍湯頭放到湯桶加熱就好，不知可以節省多少力氣和時間。而且買到的雞湯湯頭，還是無添加的呢！一定有人會問這種湯頭是不是不好？其實店家只是把原本需要從凌晨或一大早開始進行的作業，交給工廠代工罷了。這種業務用湯頭的種類很多，任君挑選。當然，如果要講究到細部，每間代工廠使用的食材等級會有落差，例如使用肉質老韌的肉雞，或是雞的品種不一樣。」

消費者如果無法體諒經營店鋪的難處，對店家就會產生過度的期待，使其承受不必要的壓力，這樣對雙方是有害無益。避免殺雞取卵才是明智的做法。

「一般而言，個人經營的拉麵店，無法使用量身訂做的代工品，我想對業務用湯頭的仰賴度很低。大概只有客人偶爾下單的味噌拉麵，才使用業務用湯頭，但醬油和鹽味湯頭都是自己花工夫熬的。但是大規模的餐廳和中華料理連鎖店就用得多了。」

消費者必須體認與妥協的現實應該很多吧。但是我並不是呼籲大家不要吃這樣的拉麵，也不是要店家改變現況，只要知道拉麵的實際狀態就沒問題了。如果吃了一兩餐拉麵，之後再靠飲食的調整，把營養補充回來就好了。

如果想吃真材實料的拉麵，那就光顧提供真材實料的拉麵店吧！

「表面上是去店裡吃拉麵，其實是去看店主，我想這樣的人不少。因為現在已經是食品標示寫什麼，都不能照單全信的時代了。更何況在店裡吃到的拉麵，連成分標示都看不到，只能相信店主的人品了。為了吃得安心，唯一的辦法就是光顧自己信賴的店家。」

仍然堅持從食材一點一滴熬出湯頭的店家，值得大家支持。

◎真材實料的拉麵即使加了化調依然是真材實料◎

「即使添加了化調，但只要用雞骨和豬骨確實熬煮了好幾個小時，做出貨真價實的湯頭就不必擔心。雖然最後會加一點點化學調味料，但是用大量食材慢燉而成的湯頭，營養價值很高。」

中戶川先生如此說。

「不知道大家有沒有注意？幾乎只吃拉麵的拉麵評論家，身體都比大家想像中健康呢？拉麵狂給人容易早死的印象，其實每個的身體都好得很呢！以51歲之齡早逝的拉麵評論家北島秀一先生，也在遺言中特別交代自己的疾病和拉麵沒有任何關係（※因白血病而去世）。」

除了因加熱會流失的維生素C，吃一碗貨真價實的拉麵，可以同時補充維生素和礦物質。

「食材經水煮後，其實很多營養都留在熱水裡了。但現在的料理都會把煮過食材的水倒掉，等於端出來的料理，只剩下營養的空殼了。舉例而言，超市賣的沙拉會經水洗再消毒，但營養都跟著洗過蔬菜的水一起流到工廠的排水溝了。其實，煮過蔬菜和雞肉的水，才是最棒的湯頭。」

與其吃調理好的雞肉，說不定喝拉麵的雞湯，反而攝取到的礦物質更多。

總而言之，結論就是要我們選擇真正用食材熬煮出來的拉麵。

「一碗好的拉麵只要再稍微補強，就會變成完美的拉麵了。」

只要稍微補充拉麵缺乏的鈣質、食物纖維、維生素C等營養就好了。

「舉例而言，只要在吃完醬油拉麵後，再補充一瓶蔬菜汁就改善很多了。我真希望拉麵的餐券販賣機也有蔬菜汁的選項。」

有不足的地方沒關係，只要補好補滿就沒事了。

「下次點豚骨拉麵的時候，最好能撒點芝麻粉，這樣營養價值會提高許多；如果點醬油拉麵，記得上面放幾片烤海苔片。」

只要在桌上放一罐芝麻粉，在配菜裡加入蔬菜和海苔片就好了。如果擔心礦物質攝取不足，那就點味噌拉麵或擔擔麵，可以攝取到味噌所含的礦物質。

「選擇以全粒粉製作或添加麥麩的麵條，可以補充食物纖維和鎂。如果用鍛燒過的貝殼鈣粉取代鹼水，可以順便補充鈣質。」

很多男性都會忍不住多點一份背脂（豬背的脂肪）或增加醬汁的份量，請別再這麼做了。

「如果想加量，就加蔬菜和大蒜吧，其他的別加。」

真正用心調理的拉麵，其實是有益身體的健康食品。

那即食麵呢？

雖然我覺得將一碗要價日幣1000圓的拉麵店的拉麵，和一包只要日幣200圓的即食麵相提並論，未免有失公允，但我還是想知道，即食麵可以做到無化調嗎？

「有些即食麵和冷凍拉麵，其實都做得非常好吃呢。」

據說，已經很接近無化調，也是用真正湯頭製作的即食麵並不在少數呢。

那消費者真是有福了。在自然食品店買得到嗎？還是向拉麵店網購呢？有這樣的產品真不錯，對吧？

「不過，那些拉麵都不好吃。」

什麼！

「如果舌頭已經習慣破壞味覺3人組就不會覺得好吃。不論是店裡或市面上賣的拉麵都一樣，因為很多人吃不出來無化調的深奧滋味。雖然我知道欣賞的人不多，但我自己還是會吃。」

拉麵這條路真的不好走啊！

消費者必須產生自覺，要求自己吃到的是好吃又有益健康的食物。說到底，消費者的舌頭也必須更識貨，才能促使店家為了因應市場的需求，提供貨真價實的拉麵。

「堅持品質的良心店家很多。真希望各位都能在這樣的拉麵店，吃到美味又營養的拉麵。」

6

速食麵的科學

不管是身上沒錢時，還是肚子有點餓的時候，速食麵永遠是常相左右的好夥伴。沒有受惠於這樣集便宜、方便2大優點的食物的人，應該是一個也找不到吧。不過，「速食麵吃了對身體不好」也是長久以來根深蒂固的觀念，甚至還有更激烈的說法「一直吃速食麵的人會早死」。到底這種說法是真是假呢？在追本溯源的過程中，又會有什麼樣的新發現？

◎速食麵很傷身？◎

說到拉麵，我第一個想到的是快煮拉麵。

小時候，媽媽忙到沒時間好好做飯的時候，就會迅速煮個拉麵當作簡便的午餐。我是福岡人，家裡常煮的是「棒狀拉麵」。我記得在我上大學之前，好像不曾去過拉麵專賣店，我想一方面也是當時只賣拉麵的店家，不像現在滿街都是。我頂多在念高中的時候，有幾次在放學後去吃過「壽賀喜屋拉麵」。名古屋也有「壽賀喜屋拉麵」的連鎖店，但是味道和博多的豚骨拉麵完全不一樣。名古屋推出的是味道非常特殊的豚骨拉麵，而且提供的湯匙也不一樣，很像學校營養午餐會用的湯匙。

所以，當我聽到拉麵這兩個字，腦海馬上浮現的既不是「大勝軒」，也不是「拉麵二郎」，而是「出前一丁」和「札幌一番鹽拉麵」，還有「棒狀拉麵」的白色湯頭和筆直的麵條。

雖然有一部分的我算是被快煮拉麵養大的，但偶爾也會聽到有人說吃多了對身體不好。

速食麵被人詬病的重點有3個。

第一是高熱量和高鹽分。

在店裡吃的拉麵也符合這一點，在此不再贅述。不過不僅限於拉麵，披薩、炸雞等使用油脂、碳水化合物和鹽的食品，基本上都避不開這個問題。解決之道就是適可而止，不要常常吃吧。

第二是油脂。

不論是快煮拉麵還是速食麵，麵體為了脫水，大多會經過油炸。殘留在麵裡的油脂，若受到光等刺激，就會隨著時間的經過逐漸變質，轉變為過氧化脂質。據說過氧化脂質會轉變為醛和酮等帶有毒性的有害物質。

速食麵問世不久之後，在昭和40年代初期，有部分劣質商品橫行於市面；據說因這些劣質的油脂而相繼引發食品中毒，形成不小的問題。有鑑於此，有些人主張吃速食麵，就是把劣質的油脂吃下肚。

第三是容器。

在保麗龍等石化材質的容器注入熱水，會使化學物質溶解於熱水，對身體造成危害，尤其是生殖機能，會因此出現異常。

或許弊害不只上述3點，不過大體而言，熱量與鹽分、變質的油脂、容器這3點應該就是速食麵最受人詬病之處。

我認為這些都是程度上的問題。畢竟連水喝太多都會生病了，但問題是沒有人知道速食麵的上限攝取量是多少。

如果每天都吃速食麵，長久下來會發生什麼事？果然身體會出狀況？如果真的會受到從速食麵容器溶出的有害物質的影響，導致生殖機能下降，該不會這也是目前少子化的原因之一吧？

我們無從得知。

而且我對速食麵幾乎一無所知。我唯一知道的是只要倒入熱水沖泡，或者放進鍋裡煮幾分鐘就可以吃，是一種非常方便的食品。

所謂的速食麵到底是什麼？大家都說它傷身，是否有證據可以證明？

◎造訪杯麵博物館◎

說到日清，大家都知道他們是全世界第一個做出速食麵「小雞拉麵」的公司，規模也是業界最大；全世界都有據點，負責速食麵的製造與銷售。

「合味道紀念館」的設立，除了為了彰顯日清食品的創業者，意即速食麵的發明者——安藤百福先生的功績，也是基於「希望能夠讓孩子知道發明、發現的重要性」的宗旨。

合味道紀念館有2間，分別位於速食麵的發祥地——大阪池田市和神奈川縣橫濱市。「合味道紀念館 橫濱」是一棟座落在紅磚倉庫旁的漂亮建築物。該館由當代屈指可數的頂尖師佐藤可士和先生設計。原來是出自大師之手，難怪那麼漂亮。

說到我這趟造訪合味道紀念館的目的，其實我是為了來製作小雞拉麵。大家來到這裡，可以體驗親手製作小雞拉麵。

我想幾乎沒有一個日本人不知道小雞拉麵吧！它是種只要用熱水沖泡3分鐘就可以吃的食物。仔細想想，真的令人難以置信，即使說即時食品的概念來自小雞拉麵也不為過。這可是媲美罐頭問世的重大發明呢！

速食麵到底是什麼呢？為了掌握這一點，造訪起源地無疑是最快速的方法，而且造訪一趟博物館，還可以親自體驗製作過程，臨場感十足。

首先我很好奇的是，為什麼安藤百福先生會產生製作小雞拉麵的念頭呢？

安藤百福先生原本是一名企業家。他出生在日據時代的台灣，在22歲時從日本進口針織品在台灣銷售。業績蒸蒸日上，他也因此致富，但等到第二次世界大戰爆發，戰局惡化，公司的經營也因此無以為繼。但是，他發展事業的雄心並未衰退，他在戰後也從事營養食品的開發和設立專門學校。但是，他在47歲時，因受人之託而擔任理事長的信用合作社倒閉，據說也因此失去了所有的財產，只保住了自己住的房子。從他的人生經歷看來，稱得上是大起大落，充滿傳奇性色彩。

身無分文的他，腦中浮現的是戰後的景象。

「黑市是戰後糧食不足的時代下產物；有一天創業者安藤百福經過黑市時，看到長長的人龍，走到隊伍的前頭一看，居然是一間拉麵攤。」

宣傳部的內田先生為我做了上述的說明。

「於是他想，如果能夠開發出在家裡只要有熱水就馬上吃得到的拉麵，大家應該會很開心吧。」

原來是出自這樣的想法！

在家自己做拉麵？如果可以不必吹著冷風排隊，的確很方便。不過，當時可是冰箱總算開始普及，大家還看著黑白電視，甚至東京都還沒舉辦奧運的時代。而安藤先生想做的事完全超乎想像，不是要拉麵店變成連鎖店，或者出售湯頭的配方，而是製造出只要有熱水，就可以在家只花幾分鐘就吃得到的拉麵。

小雞拉麵在1958年問世。為了這項產品，安藤先生花了整整一年的時間，為了研發理想中的拉麵不斷試做，一天的睡眠時間平均只有4個小時。

研發的過程雖然歷經艱辛，但也留下不少有趣的逸聞。像是以油炸的方式使麵脫水，意即速食麵的基本技術「瞬間油熱乾燥法」，居然是從看到太太油炸天婦羅的時候得到的啟發；另外，決定小雞拉麵的調味時，也是就地取材，用自家養的雞熬煮高湯。

即使如此。

想到一個人能夠想到世界上至今沒有一個人看過、也不曾聽過的新產品，而且將之具體成形，所需要的意念不知是何等強烈。想到這，不禁肅然起敬。

關於科學家需要的資質是什麼，我僅略知皮毛，但不斷地Try&Error（試誤法）肯定是必要條件。即使歷經100萬次Try&Error也不放棄的意志力。另外，也需要異於常人的自信，好讓自己能夠忘記之前100萬次Try&Error，為了下次重新出發。

安藤百福先生不僅是位卓越的企業家，也是優秀的科學家和發明家。而且為人謙虛，不愧是大人物。

◎杯麵是美國考察行的成果◎

我在合味道紀念館看了介紹安藤先生生涯的影片，內容非常有趣。儘管安藤先生在1960年取得速食麵的製法專利，仿冒小雞拉麵的產品和品質低劣的產品卻競相出現，造成業界的混亂。因此，安藤先生被食糧廳喚去，由長官直接向他要求，要他負責整合速食麵業界。提出反駁「不，應該請長官取締仿冒品」是人之常情，但據說安藤先生為了整合業界而慨然公開專利。

IBM進行的開放架構，也就是藉由基本規格的公開，以促成第三方的發展，進而擴大業界整體的規模。看來，安藤先生實踐開放架構的時間比ＩＢＭ早多了。

據說開發杯麵的靈感，來自美國的市場考察之行。當時，安藤先生帶著小雞拉麵到美國，打算以熱水沖泡時，卻找不到可以充當湯碗的容器，也沒有筷子。結果，當地的採購靈機一動，把小雞拉麵的麵體掰成小塊，裝進紙杯裡，用熱水沖泡後，拿起叉子開始試吃。

安藤先生原本抱著「美食無國界」的想法，但這件小插曲讓他意識到自己必須克服飲食習慣的隔閡。

說到這點，以前的杯麵都是由自動販賣機販售，而且還附帶叉子。

原來有這麼多我不知道的事情，真是太有趣了。

「據說當時市面上出現許多劣質的仿冒品，因為油炸麵條的溫度過低，導致麵條半生不熟，讓消費者吃壞了肚子。」

沒有因為油脂氧化而食物中毒的案例嗎？

「也發生過這種案例呢。」

同樣隸屬於宣傳部的松尾先生解答了我這個疑惑。

「有些產品使用劣質油品製作，如果零售店的銷售方式不當，就可能產生問題。例如長時間把商品陳列在會被陽光直接曬到的炎熱之處，容易導致油脂氧化，造成商品變質。」

這是昭和年代才會發生的事情，和現在不論哪間店都會開冷氣的時代不一樣。

「有鑑於此，日清食品率先在全部的商品打上製造日期。當時，幾乎沒有加工食品會標示製造的年月日。所以日清的率先之舉在當時引起周圍不小的反彈。但是為了落實商品管理，以免消費者誤食已過保存期限的商品，我們還是在食品業界首創先例。」

原來是小雞拉麵的仿冒品橫行，才促成在速食品標示製造日期的作法。不論什麼事，都少不了契機啊！

◎50年來每天的中餐都是小雞拉麵◎

在小雞拉麵工廠進行的小雞拉麵手作體驗採預約制，可透過合味道紀念館的官方網頁或電話預約。大家可以體驗親手和麵和製作麵條的過程。我也是生平第一次體驗和麵與製作拉麵。

就位後，首先綁上印有小雞圖案的頭巾和穿上圍裙，把手洗乾淨。經手食物時，把手先洗乾淨是很重要的原則。

我在準備的時候和內田先生閒聊。

從事拉麵相關工作的人，尤其是業務員，有很多人的身材都是重量級的，日清食品也是這樣的傾向嗎？

「敝公司的主管級員工每年都要和社長面談，面談之前會先量體重。公司在體重管理方面徹底執行，如果體重超標，有可能會被列入減薪名單。」

唔，如果我是日清食品的員工，別說減薪了，應該連主管都當不了吧。

「我們經手的是消費者每天都會吃的食品，所以本身得保持健康才行。所以，員工對自我健康的管理都很徹底。」

真的很了不起呢！

「行銷部門和研發部門的員工，一天會吃好幾餐拉麵，所以為了維持體重，好像蠻辛苦的。」

到了預約時間，準時向工廠報到。穿上專用的圍裙和戴上帽子後，立刻開始。大人也覺得很有趣。

如果說速食麵有害健康，那麼日清食品的員工沒有一個是健康的吧！

「創業者安藤百福每天都吃速食麵，而且在以96歲之齡去世的前3天，一直都從事他喜歡的高爾夫球。」

幾乎長達50年，每天？實在太厲害了！

◎小雞拉麵完成之前◎

製作小雞拉麵的步驟如下：

首先把鹼水、水、鹽、加了麻油的和麵水加入麵粉攪拌，整理成一塊麵糰。

←

用擀麵棍擀平麵糰

←

以製麵機壓合

←使麵糰熟成
←擀平麵糰，用製麵機裁切
←把麵條蒸熟
←用湯頭調味
←油炸
←裝袋，完成
……過程比想像中複雜。
首先把麵粉倒進碗裡，在中間留出一個低窪處，再把和麵水倒進去，混合攪拌。

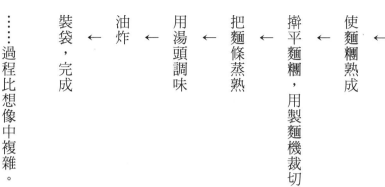

這一連串的步驟都有工作人員細心指導。

「用單手以轉圈的方式迅速攪拌，重點是動作要快。手指要張開，好讓麵粉可以通過指間。如果在這個步驟好好攪拌，就可以做出好吃的麵條。」

喔喔！麵粉變成黃色了！是鹼水造成的嗎？

鹼水是碳酸鉀和碳酸鈉等鹼性的食品添加物。作用於蛋白質，會使之產生筋性和光澤，和麵粉中的黃酮類化合物反應後，會使麵粉變成黃色。

加水率比50％再少一點，算是水分偏少。

揉成一團後，接著使用擀麵棍擀平再折起，再擀平。

「這個作業的目的是讓麵糰產生筋性。目標是把麵糰擀平到厚度約1 cm，相當於砧板的厚度。」

接下來的作業會使用製麵機。

「請依照箭頭的方式轉動把手。麵糰容易乾燥，所以重點是轉動的速度要快。」

沒想到在小雞拉麵工廠，竟然從擀麵一步一步做起，而且用的是真正的製麵機。只要轉動把手，就有被切得細細的麵條跑出來！

等到板狀的麵糰被滾輪壓得又寬又薄，先把麵糰對折成兩半，再把麵糰從摺痕處放入製麵機，讓麵糰再次被壓平。

再次被壓平的麵糰，變得閃閃發亮。

「現在是第3次，總共需要10次。」

麵糰很硬，所以作業起來並不輕鬆。

「最後攤開來看，正面和反面都變得很平坦。這樣就完成了。」

接著把麵糰放進塑膠袋，使其熟成。

◎『瞬間油熱乾燥法』這項發明◎

終於要進入製麵了。

「讓麵糰通過製麵機4次，變得又寬又薄。」

麵條的粗細＝麵糰的寬度和厚度。

「接下來要做成麵條了，請用剪刀裁剪成長度約20 cm。」

把被壓得薄薄的麵糰通過製麵機附帶刀刃一邊的滾輪，被切成刀刃寬度的麵條就陸續出現了。剪刀剪下去的頻率大約每隔20cm。

「這些麵條是2碗的份量，要分成各100g左右。」

先用手搓揉使使麵條變捲，再輕輕放進籃子裡，蒸熟。

鬆開蒸熟的麵條，以特製的雞湯調味。在麵條噴上麻油，鬆開後，再依序淋上淡味醬油、胺基酸調味料、雞肉萃取物等湯頭。據說沒有添加人工防腐劑和色素。

「手的動作要快。太慢的話，麵會吸太多湯頭，變得軟趴趴。」

麵條在油炸前要放進模子裡。動作輕柔是基本原則，以免麵條黏成一團。

小雞拉麵的作法，據說和安藤百福先生當初發明速食麵的作法，基本上沒有差別。

最後油炸麵條。

用的是世界首創、使速食麵得以問世的瞬間油熱乾燥法。前面提到，最讓人津津樂道的就是這項製法的靈感來自安藤先生看到太太油炸天婦羅的過程。以高溫油油炸麵條，可以使水分急速蒸發，在麵裡鑿出無數的小孔。讓熱水滲透這些小洞，就可以讓麵條恢復含有水分時的狀態。

說到目前速食麵的製法，主流仍是瞬間油熱乾燥法。口感像生麵條的非油炸製法，是以熱風乾燥而成。

油炸過的麵條經冷卻，再放入包裝袋就完成了。

我把麵條帶回家吃吃看。

而且中間還真的有可以把蛋打進去的凹槽耶，我笑了。

加了熱水後等3分鐘。

久違的小雞拉麵。

味道和以前吃的一模一樣。

實際動手做了才知道，要做出像小雞拉麵這種簡單的食物，難度反而高。湯頭當然添加了化學調味料，無庸置疑。但讓我驚訝的是湯頭以外的部分並沒有添加。

我也泡了一包從市面上買來的產品，吃吃看有什麼不一樣。

合味道紀念館 橫濱
地址：神奈川縣橫濱市中區新港2-3-4
電話：045-345-0918（導覽專線）
※請注意千萬不要打錯電話。
開館時間：10:00 ～ 18:00（入館至17：00）
休館日：星期二／門票費用：成人（大學生以上）：500日幣 高中生以下免費
小雞拉麵工廠：小學生300日幣／國中生以上500日幣 ※事前需要預約
http://www.cupnoodles-museum.jp/

自己做的麵條比較好吃。湯頭的味道雖然一模一樣，但麵條比較高明。我的努力總算得到成果，沒有白費工夫啊！

◎拜訪速食麵的業界團體◎

知道一般社團法人日本速食麵食品工業協會目前仍持續營運的事讓我很驚訝。

我在合味道紀念館的放映室也有看到這段經緯：這是安藤百福先生受到農林水產省的委託所協辦的團體。直到21世紀的今天，這個團體仍然持續運作，負責有關業界的資訊傳播，以及替行政機關與業界搭起溝通的管道。

這次我訪問了專務理事任田耕一先生和事務局長中井義兼先生。

雖然都稱為速食麵，不過數量多到不計其數，請問實際上大約在市面上銷售的種類有多少呢？

根據任田先生的說法，他們能夠掌握的僅限於得到JAS標章的產品。

「還有一些速食麵是自有品牌，所以正確數量不是很清楚，不過至少有1600種。」

平成28年度得到JAS標章的速食麵有1576種。除此之外，還要加上一部分自有品牌的產品。

「每年光是日清食品推出的產品就有300種。就算其他廠牌推出的新產品沒有那麼多，我想整個業界所推出的新產品差不多有500種。」

即使每天吃一種都吃不完呢！

新產品和既有的產品，哪一個銷路比較好呢？

「銷路和流通息息相關。銷路只要稍微下滑了，立刻就下架了。」

超市和超商都設有速食麵專區，是各家廠商激烈廝殺的戰場。畢竟空間是固定的，所以為了爭取一席之地，廠商之間非常競爭。

「如果產品被下架了，立刻有其他廠商的新產品遞補進來。所以常常會有新產品上架，業務員也會要求廠商帶新產品過來。」

要生存下去真是不容易啊！

◎速食麵的熱量比想像中低◎

說到杯麵，有一陣子因為環境荷爾蒙的問題而鬧得沸沸揚揚。主要的爭論點在於注入熱水之後，容器的成分會溶出於湯裡，導致不孕症。大家吵得那麼凶，結果究竟是如何呢？

熱量和鹽分過高也是速食品常被人詬病的問題。關於這兩點，實際的情況果真如此嗎？難道正如討厭速食麵的人所說的，速食麵正是生活習慣病的元凶呢？

「鹽分很高的確是事實。不過有關這點，可能是有些人把速食麵和拉麵店的拉麵當作一樣的東西。如果是拉麵店的拉麵，一碗的鹽分大約是10 g，但速食麵差不多是一半。」

如果很在意速食麵的鹽分，可以不必把湯全部喝完。

「這樣可以減少1/3的鹽分。大致說來，麵條的鹽分是整體鹽分的1/3，湯包和配料是2/3，所以如果不把湯喝完，差不多可以減少1/3的鹽分攝取量。而且速食麵和在店裡吃的拉麵不一樣，不把湯喝完也不會被罵。」

每間廠商都有推出鹽分減少20～40％的減鹽速食麵。有些產品也得到由日本國立循環器官疾病研究中心頒布的「輕鹽」認證。例如Ace Cook株式會社出品的『有高湯的鮮味就可以減鹽 中華蕎麥麵』就是得到「輕鹽」認證的產品，減少了40％的鹽分。

「熱量也很低喔。一份大約是300～500卡，比拉麵店賣的拉麵低。」

別說高熱量了，如果只看數字，根本可以當作減肥食品了。當然，只吃速食麵無法補充足夠的營養，但這點適用於所有的食品。

「這就是為什麼吃飯要配菜。就算吃麵包，也要夾火腿或配沙拉。沒有人只吃白飯或麵包。如果要求速食麵做到營養均衡，那我們也只能舉白旗了。」

順帶一提，中井先生的前一份工作是在速食麵廠商擔任商品開發。試吃是每天的例行工作，幾年下年，每天都要試吃30～40種麵。

「光試吃就吃飽了，所以我從不另外去吃午餐。不過，每次健診倒是都沒有出現過異常。」

如果想證明速食品不會危害健康，中井先生本身就是最好的代言人吧。

「到哪都買得到，吃起來又很方便，所以有些人的確把速食麵當作三餐在吃。不論選擇什麼，重點是營養要均衡，如果只吃速食麵，我想對健康一定有害。」

這是理所當然的事。

另外我還想請教一個問題，中井先生因為工作的關係，應該知道每次出現在速食麵裡的謎肉，到底是什麼做的吧？

「材料是一般的肉，還有用黃豆製作的植物性素肉。」

原來是混合了豬絞肉和黃豆麩質，經調味後再以冷凍乾燥而成……沒想到這麼平凡。

「真的是很簡單的東西，一點也不稀奇。」

某廠商推出的減鹽杯麵。計較鹽分和熱量的人，可以依照自己的需求選擇。我也常買低熱量的速食麵。

◎速食麵用的油已經變得很安全◎

1960年代，速食麵曾因為油脂變質而發生食物中毒。發生於1964年的速食麵集體中毒事件，有69人出現腹痛和嘔吐的症狀。也因為這起中毒事件，催生了速食麵JAS規格的制定。

「1960年代距今已經50年了。油脂的管理技術在這50年內不斷提升，所以不會像以前一樣出現油脂變質的情形。為了使油脂的品質更穩定，現在的產品都會添加從黃豆萃取的生育酚＝維生素E，達到抗氧化的目的。」

油炸麵條的油脂，只有在曝曬於強烈日光和高溫等環境，還有超過保存期限很久才會變質為有毒物質。現在的超市和食品行，空調都開得很強，商品也不可能被放置在會直接曬到陽光的地方。姑且不論以前的情況，總之，不論是零售店還是流通倉儲的環境，都不可能發生因油脂的嚴重變質，造成食物中毒的情況。

油脂的氧化必須符合國家的基準，常用的基準是過氧化價（POV）和酸價（AV）。隨著時間的經過，油脂中的不飽和脂肪酸會與氧氣結合，變化為過氧化氫這項有毒物質。此外，油脂經熱加水分解後，游離脂肪酸會跟著增加。POV的用途是測量過氧化氫的量，是油脂隨著時間經過而變質的參考值。所謂的AV是中和游離脂肪酸的氫氧化鉀數量，以數值表示因熱而變質的程度。數字愈小的話，表示油脂的變質程度愈小。

依照食品衛生法施行規則和食品、添加物等規格基準，速食麵類油脂的POV必須在30以下，AV不得超過3。

「JAS規則更嚴，AV必須在1.5以下，而每一間廠商都有自己的基準，比JAS更嚴。」

拜此基準把關，因為速食麵的油脂變質，危害健康的事件已經絕跡了。

「當然現在用的油和以前也不一樣了。以前用的是豬油，現在用的是棕梠油。油脂的穩定性完全不能相提並論。」

速食麵並不添加人工防腐劑和人工色素。麵體和調味包都不含水分，在加水之前，有害菌都無法繁殖，所以沒有添加的必要。也因為如此，可以存放很久的時間。

「有人說乾麵要放2年才好吃，其實速食麵也差不多，可以保存很長的時間。存放的時間取決於湯包可以保存多久。畢竟，即使味道沒變，但是看到裡面的蔥花變成咖啡色，還是不太想吃吧。日本速食麵的賞味期限是6～8個月，但國外的保存期限差不多有1年。」

但是在海外，據說曾因為保存期限只有6個月，因而被質疑是不是品質不佳。

◎被以為是環境荷爾蒙是一場誤會◎

有一陣子鬧得沸沸揚揚，據說速食麵的容器所溶出的化學物質，會導致體內的內分泌失調，是真的嗎？

「你說的是酚甲烷（俗稱為雙酚A）吧。」

西奧．科爾伯恩等人在1996年出版的《我們被偷走的未來》中提到了環境荷爾蒙。從廢棄的石化產品所溶出的化學物質和農藥等有機氯化合物，會在體內發揮類似性荷爾蒙的作用，據說會引起胎兒畸形、不孕和雄魚的雌性化等。

環境荷爾蒙已演變為國際性問題，被視為環保問題的新課題。這些化學物質被統稱為環境荷爾蒙，而酚甲烷便是其中之一。酚甲烷會從塑膠容器所使用的聚碳酸酯溶出，發揮類似女性荷爾蒙的作用。

據說除了聚碳酸酯，用於杯麵容器的保麗龍和聚苯乙烯也會溶出苯乙烯三聚體和苯乙烯二聚體等環境荷爾蒙。也難怪很多人會因此擔心速食麵所使用的塑膠容器是否真的會危害人體。

「當時在沒有證實的情況下，直接點名酚甲烷是引起內分泌混亂的物質。但是透過之後的動物實驗和調查孕婦的血液與臍帶血中的殘留濃度，從環境省的調查報告證實對人體的健康並無影響。」

有關苯乙烯三聚體和苯乙烯二聚體等環境荷爾蒙危害人體的疑慮，厚生省也在『有關造成內分泌紊亂的化學物質對健康影響的檢討會中期報告』（平成10年11月19日），做出對人體並無影響的結論。

以結論而言，環境荷爾蒙雖然成為引起廣泛討論的話題（生物出現雌性化，導致喪失生殖能力，確實是震撼力十足），但是經過科學的驗證後，已證明原本對環境荷爾蒙的認知是錯誤的。

「換句話說，只是以前引起廣泛討論時所流傳的資訊，現在尚未絕跡罷了。」

雖然不是因此就能安心，安全性也未受到保證，但從科學的觀點而言，苯乙烯三聚體和苯乙烯二聚體並不是擾亂內分泌的環境荷爾蒙。

那麼，最近愈來愈常見的補充包型態（沒有容器，只有內容物的真空裝商品）、容器為紙製品的產品又是如何？老實說，是不是因為原本的容器有毒，才開發出紙製容器和補充包呢？

「不是這樣的，是為了因應資源回收法。」

依照符合環保概念的容器包裝設計的基本方針（2007年5月制定），容器包裝回收法規定塑膠製品必須達到回收再利用。所以速食麵的容器不能像以往一樣吃過即丟，需要把回收再利用的成本也計算進去。

「為了塑膠製品的回收利用，企業耗資了大約400億日幣。所以，現在反而是紙製容器比較便宜。如果不儘量把體積縮小，包裝也做得簡易，成本就會提高。」

補充包型的產品沒有用完就丟的問題，稱得上是環保商品呢！

◎全世界的速食麵消費量已達977億份◎

速食麵在全球通行無阻，備受世界各國的喜愛。相較於日本國內的年度生產量是56億4000萬份，全世界一年的總消費量是977億份。其中以中國和香港占了整體消費量的一半，其餘的一半也由亞洲為主，但遍及全世界。當然，為了配合各國特有的喜好與需求，廠商也會採取「因地制宜」的策略，從細節做出產品區隔。

以日本國內而言，杯麵的味道也有關東與關西之別是眾所皆知的事。

「每個地區都有對某個口味接受度特別高的傾向，所以廠商會配合這點進行商品開發。以日本國內而言，如果要針對東日本開發新產品，首先會光顧東日本的人氣拉麵店，以該店的味道為基準，加以重組。接下來也會參考行銷和業務等人的意見，進行修正。如果是針對外銷的產品，就會配合當地的喜好。有些口味日本人雖然不喜歡，但在其他地方卻大受好評。」

國內速食麵廠商原本針對海外市場開發的境外版，也在日本銷售的情況愈來愈多，不過境外版未經改良的話，不符合日本消費者的喜好，所以味道都會經過調整。

在「因地制宜」的過程當中，也包含化學調味料的調整。

「東南亞各國用化學調味料用得很凶，但歐美各國對化學調味料就沒有好感。所以，在歐美銷售的產品，有些沒有添加化學調味料。在印度，如果速食麵添加了化學調味料就會被禁止銷售了。」

雖然化學調味料沒有危險性，但廠商還是需要依照各國的民情與動向進行調整。

日本速食麵食品工業協會也會舉辦使用速食麵製作料理的招募活動，或者邀請料理研究家等專業人士與大眾分享創意食譜等，提供如何補充維生素和礦物質等無法光從速食麵攝取的營養。

「另外，日本各都道府縣的營養師團體也會舉辦『速食麵『健康與營養』研討會』，一年5場左右。同時搭配調理實習，也會邀請像侍酒師田崎真也先生這類名人演講，讓學員加強有關營養方面的知識。」

除此之外，還有以小學生為對象，舉辦以速食麵製作料理的食譜招募活動，並針對以專業廚師為目標的學生，舉辦廚藝大賽等，對於知識普及的推動不遺餘力。

有關速食麵和健康的問題，我想結論應該很明顯了。

速食麵本身並不具備危害健康的要素。畢竟也有像安藤百福先生一樣，即使每天都吃小雞拉麵，卻依然過了90歲也保持健康的例子。所以，如果只把責任推給速食麵，卻忽略營養均衡才是維持健康的不二法門，那麼對速食麵就太不公平了。

總之，知道速食麵不會威脅人體健康真是太好了。我剛才清點了一下，發現家裡還有一袋5包裝的快煮麵和2碗杯麵，今天的午餐就吃速食麵吧！

7

名店的味道由誰負責重現？

在超市等賣場的貨架上，不時會看到標榜重現名店滋味的速食麵。價格比一般商品高一點，但買回去吃了以後，味道的確很不錯。雖然沒有實際品嘗過那間店的拉麵，但是能夠坐在家中，享受外食的感覺實在很讓人激賞。不過，即使完成度很高，速食麵就是速食麵。在重現名店味道的過程中，肯定遵循著一連串科學步驟。為了解開這個疑問，我直接登門向食品廠商請教。

◎每間超市都有的「名店傳說」究竟為何？◎

（這裡也有「名店傳說」！）

我到幾間超市的食品區和冷藏食品貨架繞了一圈。

用熱水沖泡3分鐘就可以開動的速食麵屬於在家內用型的拉麵，另外有一種需要用鍋子煮熟的半成品拉麵，也可以在家享用。

最近的半加工拉麵或需要冷藏的快煮拉麵都做得非常好吃。我常買，不過心想應該還是比不過外面的拉麵店。但由此可見，自己在家裡煮出來的味道也相當有水準。

只要撕開銀色的鋁箔袋，倒出裡面成分不明的茶色黏稠液體，溶解在滾水裡，就是美味香醇的湯頭。而且可以依照心情挑選想吃的口味，無論是拉麵老店的醬油口味、札幌的味噌拉麵，或者博多的豚骨拉麵，味道真的和本尊有9分像，幾乎沒有兩樣。

食品工業的威力真是不容小覷。

那些黏稠的茶色液體，到底是怎麼做出來的呢？

含有多種味道的湯頭，為什麼能夠被密封在一個銀色的小袋子裡呢？

而且最近這些在市面上流通的產品，都冠上來自全國各地名店的名字。煮出來的味道真的和店裡的味道一樣嗎？會不會因為消費者沒辦法到札幌或博多等現場親自比較，就做得比較隨便呢？

我想起了美食街，裡面聚集的店家，都是各地的名店。

但我只吃了一半就放棄了，因為味道實在太糟糕了。可惜了它實惠的價格。更何況冷藏拉麵的價格只要1/3。

不難想像會是什麼樣的味道。

但是實際到超市一看，果然找得到名店的味道。這個是Tomita，那裡還有博多的達摩拉麵耶……奇怪了，這2種拉麵的廠商居然是同一家？

我原本以為有許多廠商競相推出冠上各家名店的拉麵，所以每一種名店拉麵都由不同的廠商出品。沒想到每一款的包裝袋幾乎都同等大小，而且店名一定在正中央。

但仔細一看真不得了，每一包都是同一間廠商製作，所以才會都是同樣的包裝啊！

因為廠商的名字印得比較小，所以我總以為是不同廠商的產品。但全部都是「名店傳說」系列。我吃過Hope軒、吉村家、Tomi田，可能還吃過別的，但以前不知道它們都是同一個品牌。每一種都很好吃。雖然味道不是和本店完全一樣，但考量到它的售價，已經是值得誇獎的水準了。

製作廠商是Island食品。所在地是……

（香川縣？）

那個以烏龍麵出名的香川縣嗎？

就是那個聽說早餐吃烏龍麵，午餐也吃烏龍麵，晚餐還是吃烏龍麵的香川縣嗎？有人在讚岐烏龍麵的大本營製作拉麵？

◎造訪香川縣的Island食品◎

我選擇上午最早的班機前往香川。原本以為一下高松機場，小魚乾高湯的香味就會撲鼻而來……結果並沒有。這麼有趣的事情不可能在現實中發生吧。

我來之前就聽過打開超商的水龍頭，流出來的是烏龍麵的高湯，讓我很想一探究竟。沒想到撲了個空，店家還在準備中，只能怪我來得太早了。但我確認過水龍頭了，姑且當作有這回事吧！

我開著租來的車，首先決定去吃碗讚岐烏龍麵當作早餐。我是第一次來到四國，所以在產地吃讚岐烏龍麵當然也是第一次。

我拿了一個托盤，把炸物夾進盤子裡，等待烏龍麵煮好。聽說花輪烏龍麵的總社在香川，一想到那種吃法的起源竟然就是在香川縣吃烏龍麵的方式，我不禁有點激動。

魚乾高湯的滋味真棒。

烏龍麵吃起來Q彈有勁，太讚了。

這樣的組合，我完全可以理解為什麼有人可以每天三餐都吃烏龍麵。

隔壁桌的客人是來自大阪的一行人，看似負責替他們導覽的香川縣人，正滔滔不絕地告訴他們自己在家裡幾乎沒吃過白飯。不愧是烏龍麵的大本營。

我也光顧了由曾經在《電視冠軍》奪得讚岐烏龍麵冠軍的參賽者所開的烏龍麵店，它的湯頭很接近讚岐烏龍麵。小魚乾高湯的鹽分濃，帶有一絲甘甜，並搭配了背脂，這樣的組合真是太奇妙了。麵條本身也很特殊，有如瓷器般光滑，吃起來不是柔軟有彈性的口感。

這樣的拉麵也只能稱之為讚岐拉麵了。這種嶄新的拉麵，等於原封不動地把讚岐烏龍麵的美味搬到拉麵了。

香川縣一向被俗稱為烏龍麵縣。對於這個封號，我完全心服口服了。

基本上，我沿著國道一路往前開，兩旁到處都是烏龍麵店。香川縣的人到底有多愛吃烏龍麵啊。在烏龍麵布下的天羅地網中，我開著車前往在販售冷藏拉麵的Island食品，這間公司究竟會強大到何種程度？

◎製造名店傳說的就是我◎

「我們原本是生產伴手禮的專業廠商。」

株式會社Island食品企劃開發部的川瀧裕司先生向我表示，他們公司原本是專門製造當作伴手禮銷售的讚岐烏龍麵。開始生產拉麵，則是在公司另外開了一間烏龍麵專用湯頭的工廠之後。

「香川縣的烏龍麵工廠多到數不清，所以把烏龍麵當作新的伴手禮推出去行不通。我們也是反覆在錯誤中學習，才開始把拉麵當作伴手禮商品。」

在多如繁星的烏龍麵店之中，要能做出自己的特色，的確是難上加難。把方向從烏龍麵切換到拉麵，推出成箱的拉麵當作伴手禮，的確是不錯的點子。不過，伴手禮業界本身的成長，不是早就停滯不前了嗎？

「大家已經不會像以前一樣，只要出去玩或旅行，就會帶一大堆土產回來送鄰居和親戚朋友吧。」

因此公司放棄沒有發展性的伴手禮市場，在2008年針對量販店的市場，創立了『名店傳說』的品牌。監修的店鋪仍緩步累積中，目前共有47種產品。雖然都稱為名店，但日本的拉麵店不知凡幾。根據日本外食產業市場簡介，大約有1萬5600間店（2016年的統計）。

「我們會參考網路、雜誌和電視節目的排行榜、口碑等，和營業部的同仁一起討論，再和我們選中的店家接觸，進行交涉。如果對方也有意願，接著我們開發部的同仁會到店裡實際品嘗拉麵的滋味，請店家把湯頭等能夠提供給我們的資料全部帶回去。之後我們會作一個試作版，請對方給我們建議。等我們修正後，再請對方確認，一再重複這樣的過程直到完成為止。」

聽起來好像一點也不簡單，請問，完成一項產品大約需要多久的時間？

「沒有時間限制。」

沒有期限？

「有時候一次就OK，但也遇過花了3年才完成的案例。」

3年那麼久？

「我們是沒有期限的公司。」

名店傳說的概念是「重現那個味道」。

說起來簡單，實際做起來又是如何呢？

老實說，包含我內在，連拉麵高湯使用的食材比例都一問三不知，可能連有沒有判

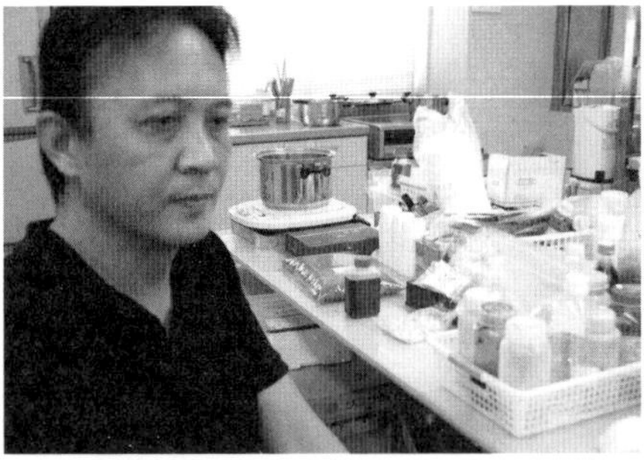

株式會社Island食品企劃開發部的川瀧裕司先生。公司的官網對他的形容是「擁有絕對味覺的員工」「光靠舌頭的記憶，就能精準調配出湯頭」。我問他是否真有其事，他卻告訴我「言過其實啦」。

斷味道好壞的資格都很難說。但是，像川瀧先生這樣的專業開發人士，是不是一吃就知道呢？

「大部分都吃得出來，但是要每一種食材都說得出來很難。如果對方願意告知自然是再好不過。有時候聽到對方的答案，也發現某些意想不到的食材。」

川瀧先生表示他們做的不過僅限於調配的工作。他們以自家公司熬出的湯頭為基礎，試著以各家廠商推出的各種辛香料和湯頭材料進行搭配組合，盡可能做出最接近店家的滋味。

「可以當作萃取物的食材種類非常多。舉例而言，如果拉麵店要我們使用哪個地方產的柴魚片，湯頭廠又剛好有用這種柴魚片熬成的高湯，我們就會使用。」

針對每一項產品，據說會搭配10～20種材料。包含川瀧先生在內，開發人員僅有2位。

「一開始只有我一個人，因為公司要我做，所以就開始了。」

這份公司業務實在超乎想像的辛苦啊。

◎味道的重現仰賴的是信賴關係◎

「我們開始還原拉麵店的湯頭以後，也不可能得到別人的指導，所以我們不知道這麼做是否正確，或者大廠商是不是這麼做的。」

最重要的是與店家維持信賴關係。

「我們的信賴關係，就是在頻繁的溝通與往來建立的。所以也不需要規定期限，一定非在什麼時間內完成。我們公司的方針是，不管要花2年還是3年，我們會一直試到對方能夠接受為止。沒有期限是社長親口給我們的指示，我想也是我們公司的強項。」

冷藏拉麵不可能做得和店鋪一樣，這是理所當然的道理，因為兩者的成本相差太多。但是，在能力範圍內全力以赴，就能做出店家也能接受的味道。另外上市之後，仍持續進行細部的改良，盡可能與店家的口味同步。

「雖然我們做出來的味道和店裡吃的味道有落差，但只要消費者能在家裡感受到店裡的氣氛就值得了。我們也曾因為做出來的味道和店裡完全不一樣而挨罵呢。」

還原難度特別高的是如何呈現出就像真正熬出來的湯頭。

「說到博多拉麵，大家都知道有股豬腥味，但我們很難做到讓店家滿意的程度。」

據說有所謂的豚骨香料可以使用，但用了會產生一股藥物的異味，所以放棄使用。

如果不管成本，和拉麵店一樣，投入大量的食材熬煮以萃取出高湯，可以做出同樣的味道嗎？

「做不出來。偶爾店家會提供我們完整的配方，意思就是叫我們儘量照著做就是了。我們可以使用同樣的材料與同樣的方法製作，但做不出一模一樣的味道。味道的呈現是很困難的，因為只要水質改變，整個味道都會跟著改變。」

◎潛入開發的現場◎

開發室裡有成排靠著牆壁的鐵架，上面堆滿了塑膠瓶和玻璃瓶，讓我以為好像來到大學的研究室。除了豬皮萃取物、叉燒醬、小魚乾萃取物、昆布萃取物，甚至還有真鯛萃取物、松露萃取物等意想不到的高湯種類。

「我們就是以調配這些萃取物來製造出湯頭的味道。」

簡直是味道的煉金術。

不鏽鋼製的流理台目前也正在調配新的湯頭。最後，這些依照配方計量好的萃取物和香辛料會被放入銀色的袋子裡。

你們也會使用傳統的鮮味調味料，也就是麩胺酸、肌苷酸嗎？

「會用啊。不用就無法控制成本是原因之一，不過我們在開發階段還不太會考慮成本。總之我們一心只想著把味道做出來，但只靠食材的濃縮精華，很難製造出鮮味。老實說，會使用的部分原因是不得不用。因為鮮味調味料是現在被視為美味的味道。」

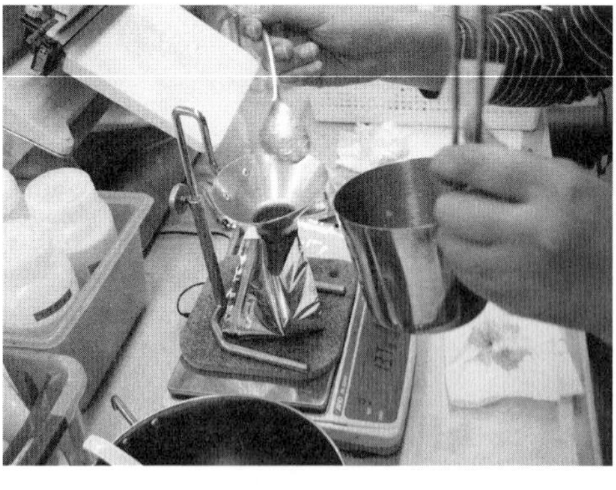

調配中的拉麵湯頭。依照配方裝袋，請對方確認實際的味道。一再重複這樣的作業，直到店主點頭同意，有時候竟然耗費了好幾年。

一看成分表，常常會出現豬肉萃取物。難道真的有可以製造出豬肉味道的酵母嗎？

「沒有吧，我想沒有這種酵母。」

川瀧先生拿起面前一個大大的塑膠瓶。

「這裡面裝的也是豬肉萃取物，但請看這裡，原料只寫著豬肉和鹽吧。」

萃取物的種類也是天差地遠，什麼都有啊。

「原材料是食品，一般而言，單價高的食材，做成萃取物的價格也高。也有一些蠻貴的食材，例如松露油的價格都要日幣萬元起跳。」

這裡也有鹽度計呢。

「拉麵有趣的內幕很多啦，例如便宜的拉麵鹽分高，但味道濃厚的拉麵，鹽分不一定特別高。」

製造廠商的態度比我想像中誠懇、認真。我真是欠罵，居然懷疑人家是不是隨便做做來糊弄消費者。

◎拜訪萃取物廠商◎

裝著萃取物的瓶子一字排開，看起來非常壯觀。日本各地的拉麵，就是透過這些瓶子的內容物所組合而成。冷藏拉麵裡附帶的銀色湯包，就是由這些萃取物、調味料、辛香料所組合而成。

萃取物本身是什麼樣的商品呢？

加工原料無法單獨購買。但是可以購買以數種加工原料混合而成之物，當作拉麵的濃縮湯頭之用。

這些加工原料看似熟悉實則陌生，看起來唾手可得，其實離我們陌生而遙遠。最快的方法當然是訪問製造加工原料的廠商囉。Island食品的開發室裡一字排開的萃取物，來自富士食品工業株式會社。

創業於1958年的富士食品工業株式會社，堪稱歷史悠久的老店，專門開發液狀醬油和將味噌粉末化的技術，對速食麵用的湯頭粉的開發貢獻良多。除了身為使速食麵得以問世的幕後功臣，也是速食麵湯頭的第一把交椅。他們的業務範圍相當廣泛，不論是液體調味料和液體湯頭，都各有針對一般消費者和業務用的產品。

透過安排，我得以和任職於業務支援部，同時具備營養管理師與調理師資格的負責人見面。

「萃取物也是我們自己萃取出來，一直加工到最終產品。」

我想知道萃取物的成分。所謂的萃取物到底是什麼呢？

「基本的製造方式和料理的高湯一樣，都是把食材放進鍋內，經長時間熬煮而成。但是湯頭如果以常溫運送會腐壞，所以一般都是以濃縮的方式運送。也有不經濃縮，以冷凍運送的方式。一般而言，經過濃縮而濃度變濃的湯頭稱為萃取物。」

很濃的湯頭就是萃取物？

「要為萃取物做出嚴密的定義很難，所謂的萃取物就是英文的Extract。在料理的世界中，濃度高的叫做萃取物，濃度低的叫做高湯。」

高湯依料理的種類分為湯、肉汁清湯、法式高湯、清湯等種類繁多。說到萃取物，因為沒有正確的定義，只能將所有萃取出食材鮮味的液體統稱為萃取物。

舉例而言，雞肉萃取物和豬肉萃取物的原料是什麼呢？

「如果是豬肉萃取物，原料大多是豬骨。喜歡吃拉麵的人，喜歡豬背骨（＝豚骨）的味道。也有以肉為原料的豬肉萃取物，不過以豚骨和脊椎為原料的萃取物有比較受到歡迎的傾向；至於雞肉萃取物，有些用的是全雞，也有用雞骨。」

萃取方式和拉麵店沒有兩樣，都是小火慢燉。有些會使用壓力鍋，可以在短時間內萃取出骨頭中的鮮味，但重視味道的話，還是會堅持以常壓長時間熬煮。

「哪些部位該熬煮多久、味道要如何調配、熬煮的時間和部位、製作過程依料理人想要的成果而異。為了配合料理人的需求，我們也開發了各種產品。」

◎拜充填技術的進步所賜，防腐劑已無用武之地◎

雖然都稱為萃取物，其實萃取物的種類相當多元。有些只從骨頭萃取，有些單純從肉類萃取，另外也依照客戶的需求，分為有無添加蔬菜、薑蒜、以強火熬煮到白濁、以小火煮到汁液澄澈等，種類琳瑯滿目。

添加蔬菜等副原料所調和的萃取物，有時候會被稱為濃縮調味料。原理和拉麵店製作雞骨湯頭時，添加洋蔥和紅蘿蔔是同樣的原理。

「熬好的萃取物有時候直接銷售，也可能加入醬油等調味料。因為店家從頭混合每一樣原料太花時間。所以只要客戶提出要求，我們會先加調味料。如果是味噌拉麵，就先混合幾種味噌，再加入萃取物、副原料、香辛料等，做成味噌拉麵的濃縮湯頭。」

被調入拉麵湯頭的調味料稱為「濃縮拉麵湯頭」。

有沒有添加防腐劑呢？

「因殺菌方法而異。如果加熱殺菌可以達到滅菌（零菌數），就沒有必要添加防腐劑。咖哩的調理包和微波白飯等通稱為「無菌包」。雖然不會腐壞，但如果距離製造日期太久，風味會比製造者設定的美味基準下滑一些，所以大多數的企業通常都是設定1～2年的賞味期限。」

隨著以瞬間高溫製造無菌狀態，將食品密封的無菌充填等新技術的開發，廠商可以做到無菌包裝，所以不必添加防腐劑。

「說到速食麵的湯包，以前的包材技術不像現在這麼進步，如果湯包不小心破個洞，裡面的材料就會受潮變質。」

現在的鋁箔包裝，材質堅固耐用，但以前的包裝很脆弱。據說和乾麵的尖角接觸的位置，破了許多看不出來的小洞。

「調味料的技術也還有待開發，所以花了很長時間才做到讓液體附著在速食麵上。如果只考慮保存，粉末的水分比液體少，優點是不容易腐壞，所以粉末化在運送上，也曾做出重大的貢獻。目前隨著包材的技術不斷進步，各家廠商都各顯神通，想辦法解決湯包被麵條刺破的問題。例如用鋁箔或尼龍層層包覆，或者增加包材的彈性。」

速食麵開始出現液體湯包，也是拜容器和充填技術的進步所賜。

「如果加熱會破壞風味，就不會採用以滅菌為目的的高溫殺菌。不是高溫殺菌的話，多少會有細菌殘留。這麼一來，即使製成產品，細菌會逐漸增加；為了防止這一點，我們會添加酸味料和酒精等保存劑、延長存放時間的藥劑。」

至於具體的防腐劑種類，依照製造商認知與其保存技術、客戶的需求等條件而異。

「已經製成產品的萃取物，視水分活性和鹽分等條件而異，有些不需要防腐劑，但有些需要。不論是法律或公司內部，針對在製品階段中，殘留無礙的細菌種類和數量，都訂有嚴格的標準；為了符合規定，都會進行殺菌。我們會特定出在製品後可能會繁殖的細菌種類，依照產品特性選擇合適的防腐劑，以免細菌增加。」

產品也可以不加萃取物和化學調味料（正式名稱是鮮味調味料。為了說明方便，以下稱為化學調味料或化調）。換句話說，要做出無化調拉麵或無化調的冷藏拉麵都是可能的嗎？

「消費者的需求很多元，我不知道無化調拉麵會不會熱賣，但確實是可以開發出不添加麩胺酸鈉的產品。」

原來做得到啊！

「只要使用大量的食材費工熬煮，並且用心調配湯頭的口味，當然做得出讓消費者滿意的味道。事實上，我們也生產很多無化調的調味料。」

我原本以為如果不使用化調，就做不出拉麵的濃縮湯頭。速食麵和冷藏拉麵之所以使用化調，與其說是技術上的問題，無非是出於成本和味道的考量。

◎喜歡拉麵的人不在乎麩胺酸鈉？◎

「不過，一加麩胺酸鈉，味道會變得很有衝擊性是不爭的事實。確實很多喜歡吃拉麵的人，很重視吃下第一口拉麵時是否感受到震撼力。不少名店也會使用化調，如果使用無化調，吃起來好吃與否、會不會受歡迎，都是另一個層次的問題了。我認為支持無化調的消費者，用的是另一套價值觀選擇產品。」

不少喜歡吃拉麵的人，如果少了麩胺酸鈉，會覺得拉麵吃起來不夠味。

「一路發展到現在，拉麵真的變得很多樣化了。專門介紹拉麵的雜誌每個月都會出刊，而且從拉麵評論家發表的評論所受到的關注程度來看，拉麵早已是沒有其他料理能夠超越的國民美食了。為了因應消費者各式各樣的需求，才會一直開發出新的拉麵。」

相較於講究高湯原料的種類、產地、醬油和味噌的種類、昆布、鰹魚、小魚乾等食材和製造過程的升級版，也有以平價、地方限定口味、名店系列等為訴求的拉麵，只要用心，就能變化出無限可能。

「味道的打造超乎想像的困難。一味仰賴麩胺酸鈉的味道，缺乏厚度和層次，香氣也不足。因此，為了呈現湯頭原有的風味，才會加入萃取物作為補強。我們的職責就是配合客戶的需求，透過準確的調配組合，替客戶量身打造出他們所需求的味道。我們能因應無化調的需求，但如果客戶沒有要求無化調，我們就會使用。」

廠商依客戶的需求決定價格與品質的平衡點。看樣子，我們不該單從價格判斷商品的優劣了。

◎何謂「酵母萃取物」？◎

推出無化調拉麵的連鎖拉麵店，怎麼做拉麵呢？

「使用酵母萃取物的無化調產品非常多。酵母萃取物被視為食品，所以不是添加物。我們公司主要以麵包酵母生產酵母萃取物；我們的麵包酵母吃的是蔗糖等糖蜜，會在體內儲存鮮味。利用酵母所含的鮮味所製成的調味料就是酵母萃取物。鮮味很強，可以當作化學調味料的代替品，所以目前也備受矚目。」

和中戶川先生說的如出一轍，改用酵母萃取物可以做到無化調。化學調味料是單純的胺基酸，但酵母萃取物除了麩胺酸，也富含其他胺基酸。

「依照麵包酵母的種類和培育的經驗技術，儲存在酵母體內的胺基酸種類也會跟著改變。麵包酵母當作食品使用的歷史非常悠久，種類也相當豐富。酵母的種類來說，除了麵包酵母，啤酒酵母也很有名。啤酒的釀造會使用酵母，但啤酒酵母本身也當作保健食品和調味料銷售。」

對了，有沒有店家把你們生產的業務用湯頭，加熱水稀釋使用呢？

「如果選擇設計成加水稀釋的商品，我們就會推薦客戶加水稀釋使用。如果設計成加水稀釋，表示在設計的過程中，已經想過要如何把骨頭的風味和鮮味融入拉麵的濃縮湯頭，這需要經驗與技術。基於類似的理由，業務用的拉麵湯頭，稀釋比例和家庭用的拉麵湯頭大部分都不一樣。」

雖然說都是加熱水稀釋，但是業務用湯頭和市售的拉麵濃縮湯頭，基本上完全不同。

拉麵店大多以業務用濃縮湯頭為底，再加入自己熬的高湯，或者用自己熬的湯頭稀釋。據說，如果知道客戶要用自家的湯頭稀釋，就會一併考慮與現有湯頭的搭配性，進行商品開發。換言之，店主經由自己的加工，將半成品變成完成品。

「加水稀釋湯頭的需求，有些起因於餐飲店的人手不足。人事費用和技術息息相關。製作拉麵的手藝愈高，理應得到愈高的收入。但是，要學會這樣的技術需要很長的時間，所以沒辦法急速展店。即使如此，希望有很多的客人吃到店裡的拉麵，是許多店主共同的想法。但是，採用經驗尚淺的兼職人員開店，只要味道稍微走樣，常客馬上就變心了。」

因此，這樣的拉麵店會向富士食品工業尋求對策。

「我們會接受這方面的諮詢。首先，我們會和店家簽下保密合約，請對方提供店內的拉麵配方，然後再向客戶提供我們重現的味道。在工廠製作時會按照比例放大，所以步驟和原料多少會重新調整和改變。我們會與客戶的料理長不斷溝通，最後才決定味道。」

富士食品工業做的，等於和Island食品做的是完全一樣的事情。但是我記得Island食品說他們沒辦法百分之百重現店鋪的味道？

「我想理由有兩個，一個是步驟的問題。店鋪調理和工廠生產的相異之處很多，最大的不同之處在於，後者不但要以大容量生產，品質同時獲得保證，而且必須設定一段賞味期間，以確保有足夠的時間在市場上流通。和當場在店裡調理，立刻讓消費者品嘗的料理在本質上截然不同。」

在店裡製作拉麵，需要大量工廠幾乎不可能辦到的技巧。例如在熬煮前先燒炙、沸騰後在多少時間以內把湯汁熬煮到10%。在店裡能夠輕易完成的火候細微調整，如果想在使用大容量桶槽的工廠重現，也是難度非常高的任務。

另一項理由是原料。

「比照拉麵店，以穩定的價格採購品項一模一樣的大量食材，有時對工廠是一大挑戰。蔬菜的季節性很強，味道會因採收時期而改變，所以使用時很費心。而且，工廠提供的價格必須符合店主的要求，所以原料的選定真的很困難。」

富士食品工業經手的萃取物和濃縮調味料大概有多少種呢？

「只看最近2～3個月也有800種以上。一年超過1000種。我們儘量選擇接近生產地的原料，而且也一次大量採購新鮮的食材，以盡可能降低成本。為了確保價廉、鮮度佳的食材的貨源充足，我們在海外也設有工廠。」

◎乾燥法並非只有一種◎

工廠有時候也會接到很特別的訂單。

「例如有客戶問我能不能製作鱉的高湯？還有想做羊的高湯，問我能不能買到羊雜之類的，讓我深深體會大家都充滿研究精神。我們雖然也有心挑戰，但為了尋找稀有原料真的很辛苦。」

有些人基於宗教理由或生活型態而不吃豬肉，例如伊斯蘭教禁吃豬肉。如果把豚骨拉麵端到素食者的面前，對方應該會立刻露出厭惡的表情。為了開發針對這些市場的商品，也曾有客戶要我們開發不使用豬肉製作的豚骨拉麵。

「因應因東京奧運而激增的海外觀光客，類似這樣的要求增加了。接到這種訂單時，我們在湯頭的調合上需要更花心思，以開發出不使用豬肉的豚骨風拉麵。」

因為沒有使用豚骨，才特地稱為「豚骨風」。

我們也有承接最近流行的貝類高湯。因為原本就有製作蜆萃取物和扇貝萃取物，只要將兩者混合就好了。

「只要個別開發出豬骨萃取物、全雞萃取物、雞骨萃取物等單樣萃取物，接著就可以依照調合的比例創作味道了。開發者就是調味料的調合師，只要擁有各種單樣萃取物，就可以依照客戶的需求進行調合。」

濃縮湯頭分為液體和粉末兩種，其實都是源自相同的材料嗎？

「兩者的原始材料都一樣，只是把液體和膏狀的原料化為粉末。粉末化的技術很多，以拉麵湯頭來說，主要採用的是噴霧乾燥法、冷凍乾燥法、轉筒乾燥法、真空乾燥法這4種。」

乾燥時，風味會受到熱度的強度和時間多寡的影響。

噴霧乾燥法是4種方法中最主流的乾燥法。

在室內溫度140℃～150℃的大房間的頂部以噴霧的方式撒下液體，液體在落下的過程中會失去水分，在抵達室內的下方之前會化為粉末。因為以高溫加熱，多少會沾附到流失的氣味。舉例而言，如果噴的是醬油，會產生類似烤飯糰的香氣。對於需要此類香氣的商品而言，效果很好。但不適合用於需要生醬油香氣的時候。用法依需求而異。

冷凍乾燥法的作法是將原料凍結至零下30至零下40℃，在0.1～0.01 mmHg的真空下，透過冰的昇華現象使原料變得乾燥。沒有經過加熱，所以風味較接近乾燥前的狀態。

轉筒乾燥法是在大型的不鏽鋼製的轉筒外側塗上膏狀物，邊旋轉邊加熱。熱氣會使乾燥的膏狀物裂開粉碎，化為粉末。膏狀物會被熱氣炙烤，散發強烈的燒烤香氣。

真空乾燥法是富士食品工業擅長的乾燥法。真空乾燥法異於冷凍乾燥法，不需要凍結食材，而是利用真空．減壓狀態使水分蒸發（氣壓一下降，即使是常溫，水也會沸騰），使食材變得乾燥。富士食品工業針對想要追求的風味，研究從沸點以下到冰點以上的最合適溫度，達到乾燥食材的目的。

另外還有以熱風對著食材吹使其乾燥的空氣乾燥法等。

「除了風味的好壞，也必須考慮製造成本。冷凍乾燥法的優點是較容易保留乾燥前的風味，但一般認為成本較高。我們在開發商品時，會依照客戶的商品概念，在風味與成本之間取得最好的平衡，選擇最適當的乾燥方法。」

◎萃取物的抽出方法不是只有熬煮◎

「我們公司擅長的技術之一是酵素分解。可以軟化肉質、來自鳳梨的鳳梨酵素，是大家熟知的酵素之一。我們公司會使用各種酵素，把肉類分解為胺基酸，用於調味。例如魚醬是一種讓魚肉經過發酵後製成的調味料，其特色是利用魚肉含有的酵素，帶有很濃烈的鮮味。」

據說從2017年9月1日開始實施，法律規定所有的加工食品（除了進口食品）都必須標示出原料原產地。

現在是法規執行的緩衝期。遵守法規意味著包裝的印刷必須全部更改，需要一段時間。

萃取物以後也必須標示出產地。

「為了方便消費者了解，標示的法規正朝著製造者必須提供更多資訊的方向改變。製造者今後有義務要標示出原產地，以提供更多的資訊給消費者。」

對消費者而言，也算多了一項能否安心購買的重要依據吧。

狂牛病之後，除了牛隻，豬隻的個體管理制度也完善建立了；禽流感之後，也落實了雞隻的管理。

「我們公司以『方便消費者理解』為座右銘，盡可能提供詳細的資訊，尤其是過敏原。拉麵湯頭的主要原料包括牛肉、豬肉、雞肉，雖然沒有標示的義務，但鼓勵廠商要自主標示出過敏原原料。我們公司也有標示。」

以「豬骨萃取物」而言，如果原料只有豬骨，沒有豬肉，就不屬於過敏原原料。雖然不具備法律上的標示義務，但以常識來看，豬骨不可能完全沒有豬肉附著。但如果豬骨萃取物的標示，讓消費者誤以為不含豬肉，問題就嚴重了。

因此，富士食品工業的作法是把豬骨萃取物的標示改為Pork萃取物，好讓消費者了解裡面也包含會成為過敏原的豬肉。

對消費者而言，目前飲食環境的安全度已經有所提升了。

調查鹽分濃度的原理

我在Island食品除了萃取物，另外還發現一樣讓我很好奇的事物，那就是鹽度計。

據說湯頭也有生命。狀態依材料的狀態、氣溫、天候、時間等因素，時時刻刻都在改變。保持味道不變，是一件難度很高的任務。

為了達到這個目的，需要幾項客觀的標準當作輔助。其中之一便是鹽度計和濃度計。測量鹽分濃度和湯頭的濃度，可以使味道維持一致。當然，以冷藏拉麵的型態重現店裡現煮的拉麵時，鹽分和湯頭濃度都必須配合原來的拉麵吧。

說到鹽度計，名店青葉和空色、大勝軒這種超級名店都愛用Atago的鹽度計和濃度計。Island食品使用的也是Atago的產品。

Atago的負責人員告訴我。

「現在的主流是數位鹽度計，但我們從類比式的時代就一直生產烏龍麵、蕎麥麵的濃度計和拉麵湯頭用的濃度計。」

濃度計利用光所產生的折射率以測定濃度。

「把吸管插入杯子裡，位於水和空氣的交會處部分看起來是彎曲的吧。原因是空氣和水的折射率不同，所以吸管看起來是彎的。」

這種現象稱為光的折射。泡澡時，當身體進入浴缸，覺得手腳的位置看起來和平常不一樣，也是光的折射所致。光折射的角度因溶液的濃度而改變。濃度愈高的話，偏折角度也愈大。舉例而言，假設我們不斷把砂糖溶解於水中，折射率就會愈來愈高，吸管也看起來愈來愈彎。

「折射率和砂糖的濃度有關，所以知道折射率就能掌握濃度。」

國際砂糖分析統一委員會把折射率與砂糖濃度關係制定為糖度（Brix），屬於國際規格。溫度也會改變折射率，所以這個數值把溫度設定為攝氏20度。

糖度表示每100g的水溶解的砂糖克數，基本上就是濃度管理的數值。

「彎曲的方式因光的顏色而異。所以我們會使用D線當作基準光，肉眼看起來的顏色是橘色。」

蔬果溶於水中的成分幾乎都是糖分，所以測定到的糖分差不多等於蔬果所含的糖分。如果糖度表計為15，表示每100g的水含有糖15g。

以拉麵而言，固形物的量以百分比表示。無從得知豚骨占了多少百分比、雞高湯占了多少百分比。標示的是全部加起來的百分比。

◎速食麵和洋芋片的鹽分幾乎一樣◎

鹽分計和糖度計與濃度計的原理不同。

「以導電度，也就是以傳輸電流能力的強弱進行測定。鹽＝氯化鈉是電解質，只要溶解於水就會導電。食物也含有鹽以外的電解質，但一律當作氯化鈉計算。」

速食麵的鹽度大約是1.4～2％。換言之，一碗350g的速食麵，鹽分最多是7g。

日本男性1日攝取的鹽分平均是11.1g。日本厚生勞動省建議的1日鹽分攝取量是8g。高血壓學會的建議是6g以下。

拉麵的鹽分實在太高了。

「速食味噌湯是1.2～1.5％。一碗如果以200g計算，差不多是3g。只要1天3餐都喝一碗味噌湯，就達到一天的建議量了。高血壓的人吃晚餐的時候，只能吃沒蘸醬油的生魚片了。」

高血壓學會這個設定是不是有點強人所難啊？

「長野縣舉辦了減鹽料理的推廣活動，有些人就帶著自己做的減鹽味噌湯到現場，差不多都是0.5～0.7％呢。」

可以降低到一半以下啊。常常聽到減鹽這兩個字，但知道了具體的數字，才開始斤斤計較起來。

「上次我調查了洋芋片的鹽分。」

洋芋片感覺就是鹽分很高的食品。

「作法是用水把洋芋片稀釋成10倍再測，得到的結果是0.7～1.2％。」

這數字真是出乎意料的低，但是和拉麵差不多耶。

大家都說日本人攝取了過量的鹽分，放眼日常攝取的食品，例如醃黃蘿蔔是3.6％、鱈魚子是5.2％、醬油是13％，根本沒有一樣不鹹嘛！從今天起要更常提醒自己。

◎濃度和味道是相對的關係◎

「味覺和糖度與鹽分濃度並不是一致的關係。假設哈密瓜和牛蒡具備一樣的糖度，但兩者的成分並不相同，所以甜度也不一樣。拉麵也是一樣的道理，即使濃度相同，但內容如果不同，味道吃起來就不一樣。」

例如早上熬好的湯頭，到了傍晚因為水分減少，濃度自然提高。所以使用濃度計調整濃度是正確的做法。以連鎖拉麵店而言，收到以相同材料製作的濃縮湯頭時，若要將之還原為正常的湯頭，也需要濃度計的輔助。

有些店家也會用濃度計測量高湯。

「如果是拉麵專賣店，不管是小魚乾還是昆布，通常都是在從食材熬取高湯時使用濃度計測量，而不是測量完成的湯頭。」

由此可見店主對湯頭是採取如此慎重的態度。尤其是無化調拉麵，食材的狀態會左右湯頭的味道。所以，避免味道產生落差，我想是每間拉麵店不惜任何努力，都要達成的目標。

◎選擇鹽分較高的醬油拉麵的理由◎

我用濃度計和鹽度計，測試了市售的拉麵湯頭（皆為同一廠商生產）。測法很簡單，只要用滴管把湯頭滴在感應部分，再按下啟動鈕，3秒鐘就知道結果。至於類比式的折射計，雖然得花點時間才能熟悉如何判讀數據，但如果使用數位式折射計，一按結果就出來了。

首先是豚骨。

「油脂不會溶於湯頭，最好避開。」

測定的結果是濃度5.1％、鹽分1.48％。

鹽分和味噌湯差不多。但還得再加上麵條的鹽分，所以算起來相當可觀。

「高血壓的人實在不適合吃拉麵耶。」

味噌拉麵是濃度6.0％、鹽分1.35％，味噌拉麵的質地比豚骨拉麵更濃稠。

最後是醬油拉麵。

正如質地所示，它的濃度僅有3.6%，鹽分則是1.58%。鹽分居3種拉麵之冠。

這3種拉麵中，鮮味最少的應該是醬油拉麵吧。豚骨和味噌本身就含有大量鮮味，從濃度也清楚呈現這一點。濃度低的醬油拉麵因為鮮味少，相對地鹽分也高。

由此可見，鮮味確實可發揮增強劑的效果，達到減少鹽分的作用。

「關西的醬油稱為薄口；如果比較關東版和關西版的杯麵，關西版的鹽分比較高。」

之前常聽說薄口醬油的鹽分比較高，沒想到是真的。

「東京的蕎麥麵蘸醬是全黑的，關西的蕎麥麵蘸醬是透明的。比較之下，也是關西的蘸醬鹽分比較高。」

從外觀看來是東京的蘸麵醬比較鹹，但其實是薄口醬油的鹽分更高。

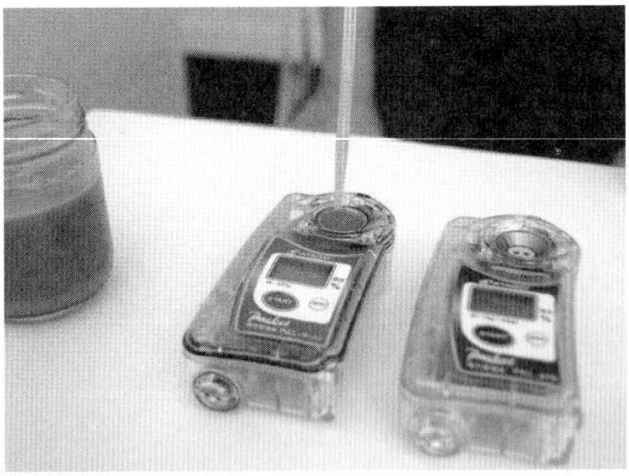

我用濃度計和鹽度計，測試了市售的拉麵湯頭的濃度和鹽分。方法非常簡單，只要用滴管把想測的溶液滴在感應部分，再按下啟動鈕就OK了。不過這是業務用機種，價格也不便宜。

8

吃麵的時候為什麼會發出「滋嚕滋嚕」的聲音？

「滋嚕滋嚕」或「嘶嘶」，對日本人而言，說到吃拉麵時的擬聲詞，首先想到的就是這兩個吧。這兩個擬聲詞已經深植人心，想必大多數的人都不覺得突兀。但是，為什麼大家會這麼用呢？其語源又是什麼呢？從人體的生理看來，會發出這些擬聲詞是否是很自然的行為？接下來，本書將以科學的角度解析聽起來已經習慣成自然的「滋嚕滋嚕」。

◎為什麼吃東西會發出「滋嚕滋嚕」的聲音？◎

不論怎麼想總覺得格格不入。

我說的是常出現在漫畫裡的吃拉麵時的擬聲詞「滋嚕滋嚕」。該怎麼說呢……聽起來好像很難吃。

如果把吃拉麵的聲音直接化為文字，我可以理解為什麼用「滋嚕滋嚕」來形容。例如坐在我隔壁吃拉麵的人，發出滋嚕滋嚕的聲音，這樣的形容我就覺得挺貼切。但是要用擬聲語形容，是個人自由吧？應該還有聽起來更好吃的聲音吧？漫畫裡的主角登場時，有時會伴隨著布滿整個畫面的「咚！」一聲，我們一般人現身的時候會發出這種聲音嗎？當然不會。會發出如此震天巨響的場合，頂多是發生交通故事被車子撞的時候。可是沒關係，反正是擬聲語嘛！

在漫畫《小鬼Q太郎》出現的小池，是個很愛吃速食麵的漫畫家。小池在漫畫裡出場的頻率不高，每次出場幾乎都是在吃速食麵。

小池吃速食麵時的擬聲語（＝音效）是：

滋嚕滋　滋嚕　滋嚕滋。

是不是就是從這裡開始的？這個就是滋嚕滋嚕的起源？

「Mokkori（男性下體膨脹的擬聲詞，比喻男性變得興奮）」的起源是漫畫「Shape Up Ran」的作者德弘正也，那「滋嚕滋嚕」就是從藤子不二雄開始的！

「滋嚕滋嚕」有多麼不適合當作食物的擬聲詞，只要上網一查就一目瞭然了。

（註：以下僅適用日文，括號為中文意思。）

「我和已經分手的前男友維持著滋嚕滋嚕（藕斷絲連）的關係。」

「我和男友沒有未來，但還是滋嚕滋嚕（拖拖拉拉）的沒有分手。」

「自責的念頭滋嚕滋嚕滋嚕（永無止盡地）向我襲來。」

……好恐怖喔，又不是在演四谷怪談，還有其他的嗎？

「把腸子滋嚕滋嚕（一點一點）地拉出來。」

「脊椎也滋嚕滋嚕（一點一點）地脫落了。」

「抓到小孩子的腳，一把滋嚕滋嚕（拖啊拖）地拖過來。」

夠了！實在很恐怖！

算我多嘴，甚至連妖怪都有一種名叫滋嚕滋嚕先生呢（電玩的角色，好像會不停地動來動去，而且會吃人）。總之，滋嚕滋嚕這個詞的意思通常很負面，負面到變成妖怪都不稀奇的程度，一點正面的印象都沒有。

可以嗎？可以用這麼負面的詞來形容吃拉麵的聲音嗎？

◎出現在漫畫裡的吃拉麵的聲音◎

聽到擬聲語的時候，人會產生什麼樣的印象？（註：以下為日文用法，不懂可略。）

我讀了《觸覺的快、不快感與表象其手之觸感的擬聲語的音韻關係性》（渡邊淳司等／日本虛擬實境學會論文誌）。

據說「Sarasara（清爽）」和「Hukahuka（鬆軟）」等重複同樣音節兩次的擬聲詞，稱為「2拍重複型擬聲詞」。按照這個定義，滋嚕滋嚕也屬於2拍重複型擬聲詞。

有人針對1268個擬聲詞進行實驗，請被試者聽到一個擬聲詞後，在30秒內回答愉快還是不愉快。

舉例而言，如果聽到「Sarasara」這個詞，覺得心情愉悅，請從「非常愉快」「愉快」「略感愉快」擇一作答；如果覺得不舒服，請從「非常不愉快」「不愉快」「略感不愉快」擇一作答。統計結果顯示：

「子音／h／／s／ m／不僅限於母音，都產生愉快的連結；相反地，子音／z／／g／／n／／sy／／j／／b／不僅限於母音，都產生不愉快的連結。」

Ha行、Sa行、Ma行開頭的擬聲詞中，「Hirahira（輕飄軟綿）」和「Sarasara」聽起來讓人覺得很愉快，但Za行、Ga行、Na行、Sya行、Zya行、Ba行開頭的擬聲詞則強烈傾向讓人感覺不愉快。

「Zarazara（粗粗地）」「Garigari（喀啦喀啦咬碎東西的聲音）」「Zyuruzyuru（液體滿出來的聲音）」「Biribiri（東西破裂或發麻的聲音）」……都是聽了讓人不愉快的聲音。

如此對照下來，屬於Za行2拍重複型擬聲詞的滋嚕滋嚕也是讓人聽了不愉快的聲音。

但即使如此，只要在漫畫裡看到拉麵，一定會出現「滋嚕滋嚕」。

會說滋嚕滋嚕的不只小池。

等於向小池致敬的漫畫《最愛吃拉麵的小泉同學》的主角小泉同學，是一個以吃遍各家拉麵店為樂的女孩子，她在吃拉麵時發出的擬聲詞是

Zuzozozo

滋嚕　滋嚕滋嚕滋嚕

滋滋滋

Ga Ga（吃肉的聲音）

Gabu（同上）

Gokkun Gokugoku（喝湯）

Ga（放下拉麵碗）

Ha～

她在吃拉麵的時候，發出的聲音淨是Za行和Ga行開頭，會讓人感覺不愉快的聲音。

說到料理漫畫就不能不提《美味大挑戰》。主角的父親兼宿敵海原雄山也曾在漫畫裡大啖拉麵。

Zu Zuzu Zu-

看到他吃麵的樣子，每朝新聞文化部的女孩子不禁驚呼：

「天啊！怎麼會有人這樣吃東西！」

「太厲害了！」

如果吃到海原雄山的等級，光吃拉麵都會有異性緣。吃東西時，即使發出Za行的聲音也照樣受到異性歡迎。

姑且不論桃花運的好壞，每次都只能一人用餐的漫畫《孤獨的美食家》，主角井之頭五郎也吃過拉麵。

Zuruzuru

Zuzuu

Zuzuu

Hahu hahu

瞧，他也在滋嚕滋嚕，他吃東西的時候也發出Za行的聲音。

漫畫《妙廚老爹》裡，曾出現過妙廚老爹為失戀的女孩做了一碗拉麵的情節。女孩邊哭邊吃，吃麵時發出的聲音是：

滋嚕

滋嚕

滋

柳澤Kimio的漫畫《大市民》中，更是Za行連發。漫畫中的角色在路邊攤吃拉麵時，用豪邁的吃麵聲取代「好吃！老爹的拉麵最讚了！」等一般的稱讚。

Zu

Zururu

Zyuru

Zuzuzu

為什麼聽起來應該讓人不愉快的擬聲詞「滋嚕滋嚕」，會用於「好吃！老爹的拉麵最讚了！」這樣充滿快感的場景呢？

◎向Cookpad請教◎

據說有一種心理作用稱為波巴／奇奇效應。

讓人看了有尖角的圖形和圓圓的圖形，再問他哪一個是波巴，哪一個是奇奇。據說不論民族、人種、文化背景等差別，幾乎所有人都回答圓形是波巴，有尖角的是奇奇。

雖然韓國是日本的鄰國，但日本人聽到韓文還是鴨子聽雷；別說外國了，即使沖繩也是日本的一部分，但是沖繩的方言對大部分的日本人也是有聽沒有懂。即便如此，聲音和圖形的基本對應，卻能夠超越文化與種族的差異，達成一致的共識（自閉者和腦部出現異常的人據說是例外）。

如果子音z的2拍重複型擬聲詞就像波巴／奇奇效應，先天就是讓人聽了覺得不愉快的發音（至少在日本文化可稱之為不愉快的聲音），那麼，為了把「滋嚕滋嚕」與吃東西所帶來的「快感」做一連結，必須把它的意思完全翻轉。

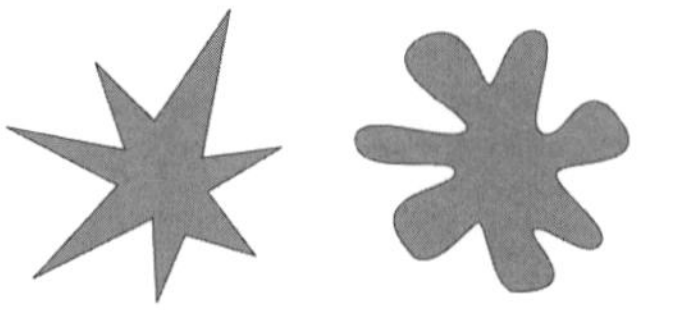

讓人看了用銳角製成的圖形和用曲線製成的圖形，再問他哪個是「波巴」，哪個是「奇奇」。據說約有98％的人回答銳角的圖形是「奇奇」，曲線圖形是「波巴」。

很多外國人都覺得難以置信，黏稠會牽絲的納豆和口感軟爛的海參，居然被日本人視為「好吃！」和「吃了會心情愉快」的對象。

我決定向專家請教擬聲詞與飲食之間的關係。說到吃，很多人都會想到Cookpad，所以我決定向他們請教這個有點複雜的問題。

接待我的是宮澤Kazumi小姐。她是畢業於東京農業大學應用生物科學系的營養管理師，研究領域是食品物性學。聽我向她表示這個領域對我而言很陌生，她告訴我：

「食品物性學就是把對食物的感覺加以數值化。我在做的就是類似研究花多少牛頓，可以使用機器壓碎煮過的紅蘿蔔。只要把你現在吃到的『美味』數值化，就可以原封不動地把它當作其他人的『美味』加以重現。」

換言之，透過數值化加以重新建構，就可以把味覺這種非常個人化的感覺，向他人傳達，簡單來說就是味覺的數位化。

Cookpad旗下有許多專家，正致力於飲食最前端的研究。

說到Cookpad，也許你的認知還停留在它只是個主要使用者是主婦的烹飪網站，其實我原本就是這麼以為。唔，世界已經在我不知不覺中升級了啊！

◎在市場行銷中使用的擬聲詞◎

「Cookpad的業務範圍也包括針對企業法人的數位商務。我們的客戶就是食品廠商和食品批發商，我們提供的服務就是看得到搜尋者想吃什麼的『吃吃看』。」

所謂的「吃吃看」，根據Cookpad官網的介紹，這是一項「以『Cookpad』的搜尋紀錄為本，將生活者的欲求可視化，並提供賣場提案、商品開發的服務」。至於從搜尋紀錄可以掌握何種資訊，我只能說收穫真是超乎想像，而且非常有趣。

Cookpad上傳的大量食譜，當然有人會進行搜尋。只要鍵入幾月幾日和某某關鍵字進行搜尋，就能夠以數據化的資訊提供當時餐桌上的需求。說得簡單點，我們能夠從語言看出飲食的需求。

「每年的飲食趨勢都會改變，例如我們可以看出『Hukkura（飽滿柔軟）』的長年變化。」

「飽滿柔軟」這種字眼也有正流行和褪流行的差別喔？

我請宮澤小姐讓我實際看看「吃吃看」的數據。真的耶！飽滿柔軟這個字在2009年達到高峰，接著就一路走下坡了。

「『飽滿柔軟』到了每年的最後一週都會往上升，至於用『飽滿柔軟』來形容什麼，只要搜尋它和什麼詞搭配就知道了。到底每年的最後一週，搭配『飽滿柔軟』一起被搜尋的是什麼呢……」

……黑豆！原來是為了做年菜！

「為了煮出飽滿柔軟又沒有皺褶的黑豆，大家會用它加上『壓力』『壓力鍋』一起

「蛋包飯」的組合分析－2016年

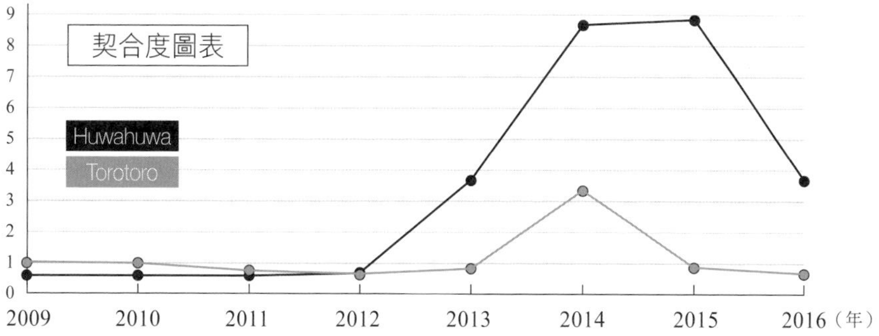

和「蛋包飯」組合的字彙（2009-2016年）。所謂的圖表契合度，舉例而言，就像「咖哩×○○」一起被搜尋的次數，相較於咖哩被搜尋的總次數所占的百分比。

搜尋。由此，我們可以逐漸掌握大家到了特定的季節和時期，會使用什麼樣的擬聲詞，還有想吃什麼食物的資訊。」

從擬聲詞看出飲食的趨勢變化嗎？好厲害噢！

也可以從食物找出擬聲詞嗎？

「可以，蛋包飯就是其中很有趣的例子之一。」

蛋包飯？蛋包飯有擬聲詞？是什麼呢？

「Huwahuwa」和「Torotoro（濃稠狀）」！

「有趣之處在於兩者交替的時間點。從2009年到2012年一直是『Torotoro』和『huwahuwa』勢均力敵的局面，但是情勢從2012年開始逆轉，從2013年開始，『huwahuwa』突然急起直追，呈現大幅度的成長。」

擬聲詞也有過不過時的問題呢！

◎以搜尋關鍵字看日本的餐桌◎

「還有一個有關男性的搜尋資訊也很有趣。這是2016年有關『情人節』的搜尋數據。通常搜尋次數到了情人節的前一個星期增加最多，不過其實從進入1月後就開始慢慢上升了。你覺得是為什麼呢？」

1個月前？那不就是剛放完新年假期。

西洋情人節是2月14日嘛。是不是因為有很多女性會提早規劃情人節？

「基本上，最常搭配『情人節』一起被搜尋的關鍵字是『大量』和『簡單』，但是說到1月和情人節搭配的關鍵字，最常出現的是『正牌男友』。有趣的是，進入2月後，『正牌』出現的次數就減少了。進行問券調查不一定能得到正確的結果，但從搜尋關鍵字來看的話，想做假都沒辦法。」

這個結果意味著什麼呢？給正牌男友的巧克力從1月就開始準備，至於發給眾多大叔的人情巧克力，只要趕在2月14日前，用「大量」又「簡單」的貨色充數就好了嗎？

……。

無所謂啦。管它是大量生產的還是親手製作的，只要有收到就好了！大叔只要有收到就心滿意足了。

「你覺得『減肥』的搜尋在1整年間的幾月第幾個星期次數最多呢？」

減肥？難道不是夏天嗎？是不是7月上旬左右？還是12月上旬？

「其實頻率最高的時候是新年之後。因為過年的時候吃胖了，必須減肥！所以1月的第2～3個星期是1年中的高峰期。只要是長假結束，之後都有略為增加的傾向。那一年的銀色週（日本9月下旬的連假）如果多放幾天，之後也會明顯增加。」

說到減肥特輯，通常是年底和年初的時候推出。聽說賣場的商品上架策略，也是跟著這些資訊走。

既然機會難得，我也請宮澤小姐搜尋了「滋嚕滋嚕」。

結果如何，「滋嚕滋嚕」？

「沒有找到耶。」

居然沒有！不愧身為Za行開頭的擬聲詞，連在Cookpad都被當作邊緣人（我實在覺得不甘心，所以後來在Coodpad的網站鍵入「滋嚕滋嚕」搜尋，沒想到在拉麵的項目找不到，倒是在使用納豆和秋葵的食譜裡出現了。）

◎吃東西時的擬聲詞，意思已經改變◎

那麼，如果鍵入「拉麵」進行搜尋，會出現什麼結果？

「以2016年來說，把『拉麵』當作搜尋字詞的高峰出現在1月下半。可以看出這時候大家吃膩了年菜，想要回歸一般飲食的需求。」

「拉麵」的搜尋次數到了3月也增加了。有什麼特殊理由嗎？

可以讓我看看組合字詞的搜尋結果嗎？……「變化」？「番茄」？是受到電視節目的影響嗎？有美食節目介紹番茄拉麵嗎？

「義大利麵和拉麵有一點很不一樣。義大利麵常見的搜尋字詞包括配料、洋風、和風，但有關拉麵的搜尋大多是以配料該如何料理。吃蛋包飯時，大家最重視的是口感，所以會用『輕飄軟綿』來搜尋，但我想拉麵沒有關於口感方面的搜尋需求。」

在cookpad搭配「拉麵」一起搜尋的字彙，大多是「蛤蜊」「高麗菜」等個別的食材，大概是因為想在家裡挑戰道地拉麵的人很少吧！既然麵條和湯頭都不是自己從頭做起，剩下需要搜尋的只有和口感無關的食材了。

「也有地區性的差異，例如北海道常出現的搜尋字詞就是『拉麵』和『沙拉』。」

聽說「拉麵沙拉」是只有在北海道的居酒屋才吃得到的料理，真想試試看。

從研究飲食的專業人士的立場來看，請問你對「滋嚕滋嚕」之所以會成為吃拉麵時的擬聲詞有什麼看法嗎？

「我想要從永谷園的CM在廣告界引爆革命談起。」

從1998年左右開始，永谷園開始推出讓年輕男性把茶泡飯大口扒進嘴裡的系列廣告。

這系列廣告的特徵是讓吃東西時發出的聲音原音重現，這種手法對之前的廣告而言是創舉；同時，廣告中主角一邊揮汗一邊大口扒飯，讓人覺得好像很美味的吃法也引起廣大的矚目。

「有人覺得看了不舒服，但也有人認為廣告忠實呈現了什麼叫做美味。在這之前，茶泡飯的定位一直很曖昧不明，但拜這支CM所賜，卻一口氣攀升到接近拉麵的地位，不，甚至是領先。茶泡飯的美味程度，也曾經瞬間升級呢。」

如果吃東西時發出的聲音，能夠一瞬間從低級的代名詞轉為美味的表現，那麼「滋嚕滋嚕」能扭轉形象，從不愉快轉變為愉快的代名詞就沒什麼好奇怪了。

「比較『滋嚕滋嚕』和『Zyuruzyuru』，我覺得後者讓人更覺得反感。」

根據彙整了「Huwatoro（Huwahuwa＋Torotoro。形容兼具輕飄軟綿和濃稠液體汩汩流出的口感）SIZZIE WORLD『好吃』詞彙的使用方法」（B・M・FT出版部）的記述，「Zyuruzyuru」讓人聯想的形象是「液體混濁，帶有黏性」，所以「吸食的速度稍慢」；相反地，「滋嚕滋嚕」的液體讓人感覺不到黏性，所以「吸食時帶有速度感」，差別在於速度啊！

「滋嚕滋嚕」用來形容移動物體時，給人的印象是拖著物品慢慢移動。但是用來形容吃東西的行為時，意思卻完全相反，變成帶有速度感。大口吸著拉麵的速度感。

這時的「滋嚕滋嚕」，就是為了表現這種感覺。

「滋嚕滋嚕」似乎已超越了愉快與否，成為描述情景的擬聲詞了。

◎用AI製造的擬聲詞◎

我決定繼續請教擬聲詞的專家。

任職於電氣通信大學情報理工學研究科的坂本真樹教授，是使用人工智能研究擬聲詞的第一把交椅。她的研究相當前衛，甚至到了驚世駭俗的程度，因為她竟然讓ＡＩ包辦偶像團體『假面女子』的歌詞。

「我自己原本就有一個文獻總量約有64萬篇的數據庫。我和奧斯卡傳播（日本的大型經紀公司）還有合約在身的時候，公司邀我一起合作。」

等一下，讓我整理一下。老師，你以前是奧斯卡傳播的人嗎？

「是啊，哈哈哈。」

「我一開始不知道奧斯卡傳播這間公司，第一次和他們的人接觸時，還趕緊用Google搜尋，才知道米倉涼子和上戶彩都是他們旗下的藝人。畢竟是難得的緣分，而且我對演藝事業也蠻有興趣的，就請對方把她們的歌曲的形象畫出來，再交給人工智能解讀，最後寫出歌詞。」

AI對照解讀完成的圖畫和文獻的數據，依照坂本教授製作的演算法，找出與圖畫最合適的字彙。

由AI完成的就是在2017年4月發表的『電☆冒險』。

「有一句的歌詞是『笑咪咪upaupa藍莓』；結果假面女子的經紀公司來問我『請問笑咪咪upaupa藍莓是什麼意思呢？』。我說我不知道！結果經紀公司的反應是『我們不能讓她們唱不知道意思是什麼的歌詞』。但畢竟這是AI寫的歌詞啊。」

假面女子和坂本教授。演唱由AI作詞的歌曲是世界首創。

所以坂本教授並不是直接參與歌詞的寫作吧！

「我告訴學生們『笑咪咪upaupa藍莓這句歌詞不能用耶』，沒想到女學生們的反應是請我不要刪掉『笑咪咪upaupa藍莓』這句歌詞。經紀公司的人收到我寫的電子郵件以後告訴我『我們會向製作人確認，看看笑咪咪upaupa藍莓這句歌詞能不能用』。」

糟了，笑咪咪upaupa藍莓這句歌詞已經被我記起來了。

「AI寫的歌詞，有些看起來可能不知所云，但是這一來一往確認的過程是挺好玩的，人都會按照自己的想法解讀呢。所以一開始有人就說AI寫的歌詞，沒辦法給偶像團體演唱。」

整首歌的歌詞大概是什麼內容呢？

「我的胡桃（除了胡桃，發音也可以當作女性的名字）好像努力過頭了，我的胡桃快要撐爆了。差不多是這種內容吧。」

……坂本教授，讓我的胡桃努力到快要撐爆了是不行的啊！

「歌詞裡出現的是胡桃，又是努力，完全沒有負面的字眼啊。」

要這麼說是沒錯啦。

「我們上資訊節目的時候，我說了這件事，結果主持人說『歌詞有點色色的耶』。我告訴他ＡＩ絕對不可能動歪腦筋，所以這絕對不是帶有色情意味的歌詞。聽到我說從一個人講的話就可以知道他在想什麼，主持人也無言以對了。」

真的很抱歉，我也是想歪了。

「ＡＩ的創作會讓人的想像力不斷膨脹，可以解讀出完全不一樣的意思。」

◎擬聲詞研究從味覺開始◎

「根據統計上的解析結果，濁音傾向讓人聽了不愉快，而清音則剛好相反。以模擬動作而非聲音的擬態語而言，表現手部觸感和動作的詞，這樣的傾向更是明顯。」

吸麵條的擬聲詞，表現的是吸麵的聲音而非動作。聲音的表現，可以重現吃拉麵時的臨場感。所以不像擬態語，單純只有愉快與否的問題。

「我覺得有意思的是味覺。我從2004年開始研究擬聲擬態詞在味覺上造成的愉快和不快。」

首先從軟性飲料展開研究。做法是找出9種喜愛度較因人而異的軟性飲料，請受試者以擬音回答飲用後的印象。

「覺得好喝的人，回答以『Syuwa』和『Su』等清音居多；覺得不好喝的人，回答以『Zyuwa』和『Doyo-n』等濁音居多。」

濁音果然是不美味的代名詞。

「我看了這份研究，聯絡了NTT通訊科學基礎研究所的渡邊淳司先生，問他要不要和我用觸覺進行研究。我們收集了表示手部觸感的擬聲擬態語，將其音節分解後，發現濁音的『／z（ず）』『／j（じゅ）』『／g（ぐ）』『／b（ぶ）』等都讓人覺得不愉快。」

和讓人不快的味覺一樣，讓人不快的觸感也是用不快的聲音表達。總而言之，濁音就是讓人聽了不愉快的音。

◎「Mohumohu（毛茸茸）」是怎麼來的？◎

每次語詞的發音＝語言音，都各有其給人的印象。

「一般認為，大腦把語言音和事物的特徵與印象結合，藉此判斷擬聲擬態語的意思。所以使用AI，同樣也可以找出擬聲擬態語的意思。」

舉例而言，「毛茸茸」是最近突然流行起來的擬態語。這個擬態語的起源是什麼呢？說到毛茸茸這個字，主要是用來表現把手伸進或把臉埋進兔毛或貓毛的觸感。

「其實這個詞一開始是用來形容菠蘿麵包。」

菠蘿麵包？

「吃掉外皮脆脆的部分，就會露出裡面Mohumohu的部分了。2001〜2002年的漫畫，用這個字表現吃麵包時發出的聲音。但是，從2003〜2004年開始到現在，當作表現動物毛髮的用法變得愈來愈普遍。」

真是意外。

「不過，用來形容柔軟的擬態詞那麼多（Huwahuwa、Howahowa、Motimoti等），為什麼只有Mohumohu會那麼流行呢？」

我試著把「Huwahuwa」和「Mohumohu」鍵入坂本教授自己開發的擬聲擬態詞的分析用人工智能，知道「Mohumohu」除了用來表現暖和和遲鈍，也是形象更為柔和親切，讓人容易產生好感的擬態語。

「『Mohumohu』給人的感覺比『Huwahuwa』更溫暖，所以才會被用於形容動物的毛髮。」

「Huwahuwa」的音韻特性

表現：Huwahuwa
音素：/h//u//w//a/ Repeat

【印象判定結果】

	-1 ← 0 → 1	
明亮的	-0.33	陰暗的
溫暖	-0.34	冰冷的
厚實	0.05	薄的
安心的	-0.08	不安的
良好	-0.24	不好的
印象深刻	0.01	印象薄弱
開心	-0.24	可悲的
穩重沉著	-0.04	無法鎮定
舒適	-0.21	不愉快
堅硬	0.74	柔軟的
規則的	0.19	不規則的
漂亮的	-0.22	骯髒的
現代式的	-0.17	老式的
充滿個性的	-0.11	典型的
清爽的	-0.18	鬱悶的
自然的	-0.22	人工的
帶有親切感	-0.33	沒有親切感
潮溼的	0.08	乾的
尖銳的	0.34	溫潤的
厚重的	0.29	輕快的
上等的	-0.18	低級的
堅固的	0.39	脆弱的
簡單的	-0.18	複雜的
受人喜歡的	-0.21	討人厭的
滑滑的	-0.17	帶有黏性
尖銳的	0.30	遲鈍的
安靜的	-0.07	好動的
洗鍊的	-0.13	粗糙的
快樂的	-0.26	無聊的
男性化的	0.39	女性化的
帶有彈性	-0.04	沒有彈性
有光澤	0.05	沒有光澤
很強	0.42	弱的
凹凸的	-0.16	平坦的
平滑的	-0.23	粗糙的
容易伸展的	-0.07	不容易伸展
激烈的	0.37	平穩的
華麗的	0.18	樸素的
開朗的	-0.20	陰鬱的
西式的	-0.18	和式的
年輕的	-0.23	年老
帶有高級感	-0.07	帶有廉價感
帶有排斥感	0.37	沒有排斥感

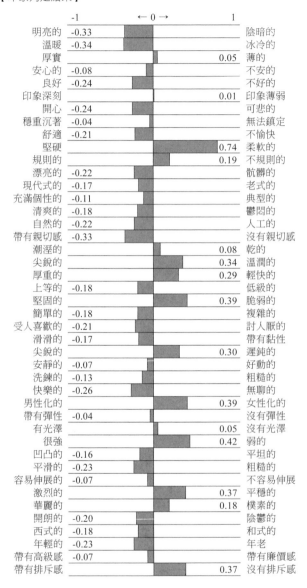

「Mohumohu」的音韻特性

表現：Mohumohu
音素：/m//o//h//u/ Repeat

【印象判定結果】

	-1	←0→	1	
明亮的	-0.32			陰暗的
溫暖	-0.57			冰冷的
厚實	-0.45			薄的
安心的	-0.31			不安的
良好	-0.30			不好的
印象深刻	-0.12			印象薄弱
開心	-0.34			可悲的
穩重沉著	-0.08			無法鎮定
舒適	-0.30			不愉快
堅硬			0.82	柔軟的
規則的			0.16	不規則的
漂亮的	-0.19			骯髒的
現代式的	-0.11			老式的
充滿個性的	-0.28			典型的
清爽的			0.03	鬱悶的
自然的	-0.14			人工的
帶有親切感	-0.42			沒有親切感
潮溼的			0.16	乾的
尖銳的			0.53	溫潤的
厚重的	-0.11			輕快的
上等的	-0.07			低級的
堅固的			0.07	脆弱的
簡單的	-0.15			複雜的
受人喜歡的	-0.34			討人厭的
滑滑的			0.08	帶有黏性
尖銳的			0.54	遲鈍的
安靜的			0.03	好動的
洗鍊的			0.06	粗糙的
快樂的	-0.29			無聊的
男性化的			0.38	女性化的
帶有彈性	-0.25			沒有彈性
有光澤			0.13	沒有光澤
很強			0.17	弱的
凹凸的	-0.19			平坦的
平滑的	-0.33			粗糙的
容易伸展的	-0.12			不容易伸展
激烈的			0.40	平穩的
華麗的			0.09	樸素的
開朗的	-0.29			陰鬱的
西式的	-0.13			和式的
年輕的	-0.14			年老
帶有高級感	-0.07			帶有廉價感
帶有排斥感			0.06	沒有排斥感

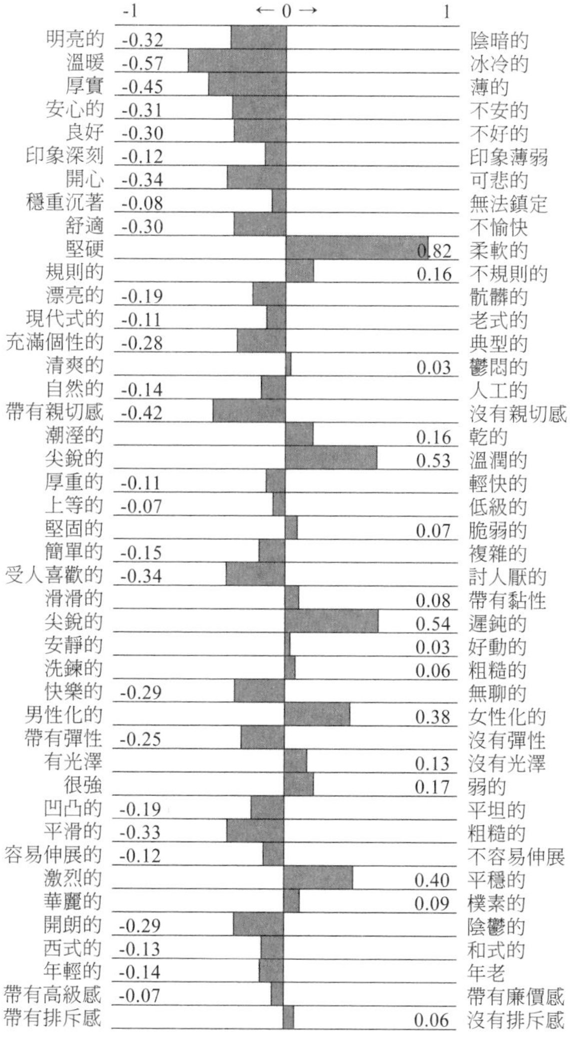

「Huwahuwa」和「Mohumohu」在語言發音上給人的印象不同。和「Huwahuwa」相比，「Mohumohu」在「溫暖」「厚實」等評價項目上明顯較高。

◎「Zyogazyoga」是什麼樣的感覺？◎

只要使用坂本教授開發的『味覺版擬聲擬態詞感性評價系統』，即使是世上之前不曾出現的全新擬聲擬態詞，也能以指數高低表示聽起來給人什麼樣的印象。

「Zyogazyoga」是個新創造的詞彙。讓ＡＩ分析之後，得到的結果是「冷漠」「不安的」「不良的」「不規則的」「鬱悶」等負面印象的指數都很高。另外，「好動的」「男性化的」「粗糙的」等指數也高。

「所以，用Zyogazyoga形容食物時，大家的印象是很硬又不好吃。」

據說日本人很常使用擬聲擬態詞。

「如果創了新的擬聲擬態詞，日本人會進行各種聯想，外國人比較不擅長這項。原因在於日本人從小生活在被各種擬聲擬態詞包圍的環境下，而且會不斷吸收新知。所以只要一遇到新的擬聲擬態詞，馬上能夠發揮聯想力，想像在何種場景使用。」

遇到之前沒吃過的新奇食物時，人會想用新的擬聲擬態詞形容，而不是以既有的詞彙表現。

人可以創造新的擬聲擬態詞，ＡＩ也辦得到。只要表明想要的擬聲擬態詞具備何種印象，例如像Mohumohu一樣是充滿「溫暖」「柔軟」印象的擬聲擬態詞，ＡＩ就能夠創作出來。

結果，ＡＩ做出了幾樣成品，不過結論是「沒有一個比得上Mohumohu呢」。ＡＩ創作的擬態語包括「Mohurimohuri」「Mohuttu」「Mohun」「Mohhuri」等，雖然都具備暖和又柔軟的形象，但分數都沒有Mohumohu高。

人的直覺真的很厲害呢！

◎分析拉麵的擬聲語◎

接下來進入拉麵的分析。

「滋嚕滋嚕」的音韻特性

表現：滋嚕滋嚕
音素：/z//u//r//u/ Repeat

【印象判定結果】

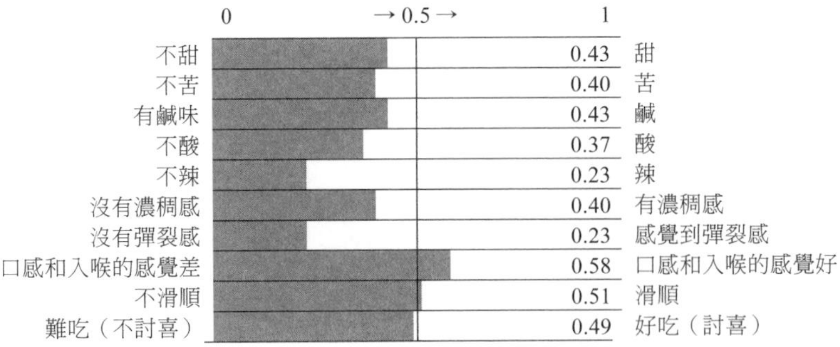

分析「滋嚕滋嚕」之後，得到非常負面的結果。它不是會增加食慾的擬聲詞。

「首先測量滋嚕滋嚕身為擬聲語的質感分數。結果是陰暗大於明亮、冰冷大於溫暖、不安大於安心、討厭大於喜歡，印象不是很好呢。」

與其說印象不好，根本就是印象很糟吧，是相當負面的詞呢！

「利用人工智能，另外創造出『Zyurozyuro』『Dororidorori』『Zurazzura』『Zyorotizyoroti』等幾個類似的詞彙。總之，滋嚕滋嚕聽起來就是很鬱悶、不討喜，讓人無法靜下心來的感覺。」

如果這些話是女孩子對自己的評語，真的會難過想哭吧。

「我剛才測的是質感部分，其實我

也開發了味覺版系統。把滋嚕滋嚕鍵入以後，發現『口感和入喉的感覺好』的分數有稍微提高了，所以滋嚕滋嚕也不是一無是處呢。」

滑順／不滑順、難吃／好吃這兩項幾乎都是中間值。以表現味覺的擬聲詞而言，滋嚕滋嚕的表現不但不是敬陪末座，還勉強算有好表現呢！

「把舒適度放到最大值，要人工智能創作類似滋嚕滋嚕的詞彙，結果有『Zuizui』『Zurizzuri』『Zaa-zaa』等，和舒適度沒有放大的創作結果截然不同呢！」

印象的確不一樣。

「感覺就像看歌舞伎的時候吃拉麵吧。」

……你不知道，就好好聽我告訴你吧（歌舞伎的著名台詞）。

◎創作最適合拉麵的擬聲詞◎

坂本教授說我發現了一件事。

「用味覺版測驗時，把『滋嚕滋嚕』換成『Duruduru』，有濃稠感和滑順的數值都上升了。」

擬聲語給人的印象，即使只有些微的差異，似乎也會造成明顯的改變。

「把『Duruduru』的音拉長，濃稠度明顯上升。如果換成『Tuturuturu』，美味度就掉到一般程度。」

坂本教授說說不定像中華料理店賣的拉麵等有勾芡的麵食，比較適合使用「Duruduru」「Duru～」等濁音。

「我利用人工智能嘗試了各種字彙的組合，發現各方面的表現都不錯的是『Duudududuzyurizyuri』。」

你記得至今為止自己總共吃了幾碗拉麵嗎？Duudududuzyurizyuri～不愧是人工智能，還能創作出這種異想天開的擬聲語。

◎外國人不會大口吸麵◎

「外國留學生來研究室吃麵時，我有留意他們會不會發出吸麵的聲音。結果他們吃麵的時候，基本上不會發出聲音呢。」

外國人不會大口吸麵。頂多只有麵條騷擾的程度，以下簡稱麵騷。

日清食品控股公司研發出一款名為『音彥』的叉子，號稱可以掩蓋吸食麵條的聲音。內建感應器的叉子，只要捕捉到吸麵的聲音，就會與智慧型手機連動，開始播放輕快的電子音樂，藉以掩蓋吸麵時所發出的不悅聲音。這款商品的開發靈感來自TOTO開發的廁所擬音裝置『音姫』（一壓就會發出馬桶沖水聲）。

這項商品的實用性雖然有待商榷，但由此可見對海外的觀光客而言，日本人吸麵時的聲音有多麼擾人了。

但是，麵食原本是源自中國的文化。

源自中國的麵食，也逐漸普及到越南、泰國等位於中華文化圈的亞州各國。

中國人是怎麼吃麵的呢？他們吃麵的時候不會吸麵條嗎？

不會，他們不會吸。

他們都是把麵條先夾起來放在湯匙或調羹上再吃。

我去了東京．神保町的中國麵食專賣店『蘭州拉麵 馬子祿』。

據說在中國最有名的這間拉麵連鎖店，營業時間從11點開始。我到的時候是11點10

分，但入店時間是11點50分，因為得排隊。沒想到排在我前面和後面的都是中國人，直到隊伍的盡頭，大家說的都是中文。

那種感覺就像到了夏威夷，結果發現排隊吃牛丼飯的人都是日本人吧。

但從排隊的盛況看來，這家店在中國擁有廣大人氣，而且也是中國最大的連鎖店的宣傳的確所言不假。

麵條介於拉麵的麵條和烏龍麵之間。添加了鹼水，吃起來Q彈有嚼勁，口感滑順。不過，可能是手擀麵的關係，加水率和烏龍麵不分上下，結果變成QQ的粗麵。湯頭是牛骨湯底，鮮味很淡，靠辣油彌補。

這碗麵吃起來不像日本的拉麵，也不像中國料理店的拉麵，倒是讓我回想起以前在香港路邊攤，在早餐時吃了那碗麵的滋味，心情不禁雀躍了起來。等到我回過神來，坐在吧檯座位的我，左右兩邊都是中國人，更裡面的位子坐的也是中國人。

這間店實在太厲害了。

我心裡邊想著「好想再去香港喔」邊環顧著店內，發現了一件事。那些人真的都不會吸麵。雖然不一定每個人都把麵條放在調羹上，但起碼是用筷子把麵捲起來，再成團塞進口中。

而且好安靜。不像日本的拉麵店，吸吸簌簌的吸麵聲充斥著店裡。雖然平常早已習以為常，但如果刻意去聽，尤其是坐在吧檯的位子，更可以感覺到吸麵的聲音從四面八方席捲而來。和我置身於中國拉麵店相比，姑且不論說話的音量，但吃東西發出的聲音的確是小得多。

我模仿中國人吃麵的樣子，試著不發出聲音。

嗯，這樣吃麵也是挺好吃的，可以喝到大口的湯。

坂本教授曾經在德國等地留學，所以和外國友人相處的機會很多。

「德國人連擤鼻子的習慣都沒有呢。」

連鼻子也不擤？

「因為受到他們的影響，我也不擤鼻子了。」

吸麵和擤鼻子可以相提並論嗎？

我不覺得擤不擤鼻子，是會受到文化影響的問題。

「Tyorutyoru」的音韻特性

【印象判定結果】

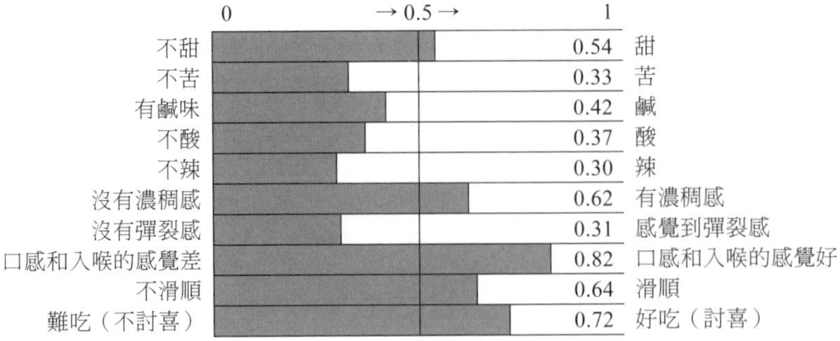

「Tyorutyoru」的解析結果。以食物的擬音詞而言屬於正面。在麵條的構成要素，如「入喉」「滑順」等方面得分很高。

◎Tyorutyoru和Hutahuta◎

坂本教授也請沒有吸食麵條習慣的外國人，回答對吃麵時發出的擬聲詞的印象。接著再讓AI創作幾個候補的擬聲詞，看看解析後的結果。最後從中選出得到正面評價且得分高的擬聲詞。

「我得到的答案是『Tyogintyogin』和『Tyorutyoru』，在進行解析後，我發現『Tyorutyoru』的評價很不錯，應該說是最棒的！」

「入口的感覺」很棒，口感「滑順」又「好吃」，這幾個擬態詞已經完全掌握拉麵的必備條件。

那麼請坂本教授做出結論。

「我所開發的系統，以統計的方式解析音韻和味覺的評價，透過音韻的組合找出味道的表現。再把這樣的表現運用在找出最適合用在拉麵的擬聲語，最後選出『Tyorutyoru』，我覺得『Tyorutyoru』很有希望成為新一代的拉麵擬聲詞。另外，『Do』給人的印象比『Zu』來得好。強調入喉的感覺和濃稠感時，『Duruduru』應該比『滋嚕滋嚕』感覺更美味。」

太了不起了。

各位漫畫家們，在此向你們宣告，21世紀的拉麵擬聲語就是「Tyorutyoru」。另外，「Duruduru」（著作權：坂本真樹教授）也不錯。

謝謝您的協助，實在幫了大忙。

話說過了一陣子。

我媽媽的朋友當中，有一對美國人和韓國人的男子二人組，我都叫他們「聖哥」。這兩個人一起分租房子，就像漫畫《聖哥傳》裡的佛陀和耶穌。

本名為安德魯的耶穌精通多國語言，包括日語、英語、韓語、法語、義大利語、夏威夷語。身為語言學習狂熱分子的他，最近在研究愛奴語。他到處旅行，足跡遍布世界各國，去過的國家比沒去過的國家還多。

我打電話給安德魯，向他請教外語中有沒有吃拉麵時會用的擬聲詞。

「沒有耶。」

果然沒有嗎？

「我不知道。起碼我們吃拉麵的時候，沒辦法把麵條吸起來。」

說得也是。

「吃東西時發出聲音，對我們來說是很沒禮貌的事。日本人覺得習以為常，但對我們來說就是沒禮貌，所以沒有擬聲語。」

吃東西時發出聲音，或許真的是不禮貌的舉動。

「韓國好像有耶，我請查爾過來聽電話。」

韓國人查爾是以第一名畢業於首爾大學的超級優等生，不過不知為何，他目前在日本教刺繡。刺繡當然沒什麼不好，只是按照日本人的思維，如果以第一名從東大畢業的優等生，畢業後成為麵包師傅，一定會覺得好可惜。

「用韓文來說的話是Hururuku。」

Hururuku？

「Hururuku」的音韻特性

【印象判定結果】

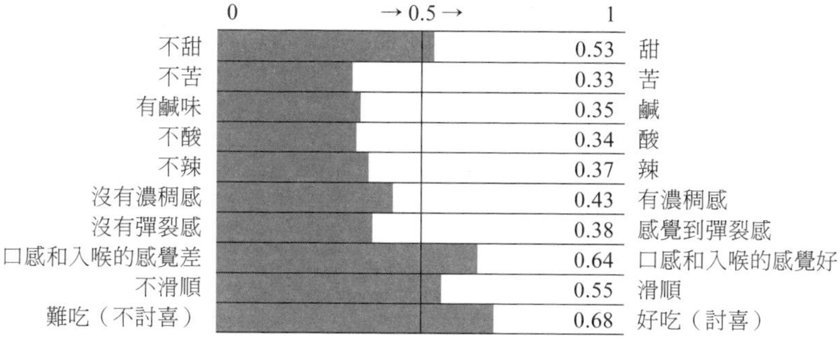

「Hururuku」的解析結果。沒想到除了日本文化，也有其他語言存在著吃麵的擬聲語。而且它和「滋嚕滋嚕」也不是毫無相似之處。

「吃麵時發出的聲音就叫做Hururuku。」

該不會韓國人也會吸食麵條吧？

「不太會，吸的話會被媽媽罵。」

果然韓國也沒有吸食麵條的文化。

「吃拉麵時的樣子叫做Hururuku？」

除了日本的Zuruzuru，韓文是我唯一找到也有吃麵時的擬聲語的語言。

我厚著臉皮拜託坂本教授，請她把Hururuku輸入系統，解析看看。

最後，得到的結果雖然比不上「Tyorutyoru」，但還算是相當正面的評價。

日本的漫畫雖然不會出現Hururuku，不過各位以後如果有機會認識韓國朋友，請仔細請教他們這個擬聲語的用法。

◎口中的香氣是風味的真面目◎

為什麼日本人吃麵的時候會吸麵條呢？為了解答這個疑問，我讀了《美味的腦科學：香氣決定味道》一書（高登·M·雪菲德·Intershift 出版）。

這本書是針對一般大眾的解說書，介紹從腦神經學討論味覺的新型學術領域，裡面有不少有趣的內容。根據這本書的說法，聞到氣味的途徑有「鼻前通路（orthonasal olfaction）」和「鼻後通路（retronasal olfaction）」兩種。

鼻前通路是由鼻子嗅聞，以一般的意義而言，就是氣味傳送到腦部的通路。氣味分子會跟著吸氣與鼻子內側的嗅覺細胞結合，感覺氣味。

鼻後通路尚未為許多人所知，就是透過吐氣感覺氣味，稱為口中香或咀嚼香。

用餐時，食物的香氣並非只透過鼻前通路，同時也從口中經由鼻後通路傳到至腦部。口中香和食物的味道與咀嚼的感覺一起由腦部處理，所以人無法感覺到散發在口中的氣味。

但這就是風味的真面目。

口中香和舌頭的味覺細胞感覺的味道、食物的口感在腦部完成處理後，兩者交融會顯現的味道就是風味。

讓我們先這樣假設。

不論歐美還是中國，湯頭的內容就是食材的精華，由肉類和魚、蔬菜和香草植物等層層堆疊，經過長時間淬鍊而成。為了萃取出食材的精華，店家不惜花費大量的時間熬煮。完成的湯頭匯集了食材的精華於一鍋，只能以豐潤兩字形容。

那麼日本的高湯又是如何？

放入滾水的柴魚片，僅加熱短短幾分鐘就被撈起來了。因為加熱時間太長的話會產生雜味，讓高湯變得有腥臭味（如果要當作醬汁使用就會繼續煮）。

萃取昆布高湯的方式是將之浸到水裡。和湯頭剛好相反，昆布高湯的作法是去除多餘之味，只取其純淨的味道。所以，完成的高湯和湯頭完全不同，呈現單一的清爽風味。

和湯頭相比，日本的高湯香氣明顯較弱。為了提升高湯的香氣，只靠鼻前通路是不是不夠呢？

如果利用鼻後通路的口中香，即使僅是些許的香氣，也能得到劇烈的反應和增幅。原理是空氣和呼氣在口中高速攪拌，以產生口中香。

這難道是以往不吃肉的日本人，為了將胺基酸的鮮味發揮到極致，從經驗中培養出來的智慧嗎？

吸食的飲食文化

人從氣味判斷食物是否具備營養。

處理氣味的腦的部分稱為嗅皮質。嗅皮質除了處理氣味，還有另一項重要的功能，也就是判斷食物是否含有胺基酸。它能夠判斷吃下的食物是否含有20種人體必需胺基酸。

假設吸食的飲食文化從蕎麥麵產生。

據說土生土長的江戶人吃蕎麥麵的習慣是只沾一點醬汁，然後吸入麵條以享受蕎麥的風味。可能是為了徹底提引出蕎麥麵淡淡的香氣，連同空氣一起吸進去，藉以引出口中香吧。

不論是高湯還是蕎麥麵，崇尚成分單純的淡淡香氣是日本的飲食文化，或許因而衍生出吸食蕎麥麵的習慣，爾後連拉麵也跟進？

吸著吃是否僅限於日本麵食的飲食文化呢？我已經知道會吸食麵條的只有日本人。但是，吸著吃的飲食文化難道在其他地方都找不到嗎？地球上除了日本人，真的沒有人會吸著吃或吸著喝嗎？

我突然想到一個例子，葡萄酒。

品葡萄酒時，要將酒杯口罩住做深呼吸，這個動作就是標準的「滋嚕滋嚕」。日本人吸麵條就是麵條騷擾，但把對象換成葡萄酒，就是優雅時尚。

那麼葡萄酒的擬聲語是什麼呢？如果葡萄酒也是吸起來喝，那麼把喝葡萄酒時的擬聲語用在拉麵上，拉麵是不是也能徹底扭轉形象，變得時尚又高雅呢？

擬音語的世界博大精深，難窺其堂奧，而且還非常有趣。

※文中引用的出處：《這部漫畫好厲害！最愛comics拉麵！》（寶島社）、《最喜歡拉麵的小泉同學》（竹書房）、《孤獨的美食家》（扶桑社）、《美味大挑戰》（小學館）。

9

為什麼那間拉麵店會大排長龍？

時至今日，「拉麵風潮」這個詞聽起來已經了無新意，大家早就司空見慣了。說到日本的代表性美食，首推潮流瞬息萬變、店家輪替快速的拉麵。但是在店家的樓起樓塌之中，有些店家卻能維持屹立不搖的人氣。為什麼有那麼多人甘願排隊，就是為了那間店的一碗拉麵呢？本章將以科學的角度，為各位解開人之所以折服於拉麵的祕密。

◎為什麼只有那間拉麵店會大排長龍？◎

有些拉麵店就是有能耐吸引大家排隊。慶應大學旁邊有一間隨時都有人排隊的拉麵店，雖然我從很久以前就很好奇，心裡想著「這間店到底有什麼來頭啊？」直到搭上了目前的拉麵風潮，我才知道原來它是傳聞中拉麵二郎的本店。

拉麵二郎的名聲響亮，尤其以甚至培養出一群人稱「二郎人（Zirorain）」的死忠粉絲的事蹟最叫人津津樂道。所謂的二郎人，吃的並不是拉麵二郎的拉麵，而是「拉麵二郎」這種食物。總之，拉麵二郎的特徵包括份量多到驚人的蔬菜、肉、背脂；如果沒有做好心理準備，以為待會端上桌的就是一般的拉麵，等到店員端上桌時，肯定會被這碗拉麵的大份量嚇到說不出話來，誇張的程度簡直教人忍俊不住。

以前環七有一間名為土佐子的拉麵店，也一樣大排長龍。這間店屬於背脂cha-cha系，是一間會在拉麵上撒上有如雪花般背脂的名店。

我不知道店家何時結束營業，但我還記得有一次因為排隊的人潮太多，導致附近的停車場全部沒車位，最後在停不了車的情況下，我只能餓著肚子放棄的往事。

大排長龍的店家和門可羅雀的店家，兩者的差別究竟是什麼呢？雜誌或電視節目的介紹，能夠在短時間內帶來明顯的集客效益。最近部落格也發揮了不容小覷的影響力。我聽過有店家被知名部落客介紹後，連續好幾個月店門口天天大排長龍。但是，不論是拉麵二郎還是土佐子拉麵，層次完全不同，它們的人氣並非僅維持幾個月，而是以年為單位，一年又一年地持續吸引顧客上門排隊。

為什麼它們會這麼吸引人呢？我在拉麵二郎的粉絲網站看到許多討論，眾說紛紜。有人說是醬油不一樣，也有人咬定是麵條不同。

◎差在醬油不一樣？探索謎樣的隊伍◎

拉麵二郎的醬汁使用的Kaneshi醬油以往被視為充滿神祕感的醬油（現在已改用其他公司的產品）。

拉麵二郎的醬油是業務用，不對外零售。Kaneshi醬油的貼標分成綠色和紫色兩種，而紫色貼標的醬油為拉麵二郎專用是每個二郎人都知道的事情。

讓大夥兒瘋狂陷入二郎魔力的，不正是因為那塊紫色貼標的存在嗎？

另外，根據依照地址實際前往銷售醬油的公司探訪的二朗人的說法，公司的所在地其實只是很普通的住宅區，而且也找不到看似公司的建築物。即使透過Google的街景圖，以360度環景檢視周圍的環境，也只看到公寓和私人住宅，完全沒有發現看起來像公司的建築。

沒有對外零售，連銷售公司到底存不存在都不能肯定。在此神祕感的推波助瀾之下，Kaneshi醬油逐漸被神格化了。

2Chan的討論區也曾針對紫標醬油到底是不是便宜貨這點討論得沸沸揚揚。因為有些人認為，拉麵二郎之所以能夠大排長龍，如果是Kaneshi醬油的關係，表示它一定是特別高級且美味的醬油。

「沒有必要故意把專用醬油做得很差吧。」

「如果相信Kaneshi醬油是劣質品會覺得幸福，就這樣想吧，沒關係。」

為了一間拉麵店的醬油到底高不高級而吵翻天，恐怕也只有拉麵二郎才有這麼大的影響力了。

很久以前，某本雜誌曾針對拉麵二郎的「Kaneshi醬油之謎」寫了一篇專題報導。那時候，雜誌打電話到那間是否存在都不確定的公司。因為就算在地圖上找不到建築物，卻在電話簿裡找到了電話。

電話接通之後，

「您好，這裡是Kaneshi。」

接電話的是位老奶奶，還聽得到後面傳來的狗叫聲。

這不是作夢也不是幻想，原來是民宅兼辦公室，所以才會找不到。

我想買Kaneshi醬油……誠惶誠恐地道出來意後，聽到電話的那一頭傳出嘆氣聲。

「很多人都像你一樣打電話過來詢問，但如果把醬油從甲等分到丙等，我們的醬油就是丙等，真的毫無過人之處。」

根據在店裡偷拿到瓶子，實際看過瓶身貼標的客人所言，材料包括脫脂加工黃豆、小麥、食鹽、胺基酸液、防腐劑（安息香酸鈉）。

添加了胺基酸的醬油，注定和高級兩字無緣。

「或許有些客人心存期待，但我們賣的真的不是什麼魔法醬油，應該算是繩文時代的原始醬油。我們的醬油就像沒有精煉過的原油，我想這樣比喻最貼切了。」

繩文時代？而且還像原油……有這麼糟嗎？

「這樣形容自家的醬油，我也覺得很不好意思。有位日本料理師傅，不知道從哪裡聽到風聲，也說想買我們的醬油。但是，我們家的老頭子卻在後面大叫：不要丟臉了，趕快掛掉電話！（笑）。」

所謂的脫脂加工黃豆，其實就是黃豆渣。將黃豆渣加工後，再將之胺基酸化以製造出醬油，是第二次世界大戰時期所開發的技術。應用的是原屬於日本帝國海軍研究的以頭髮製作醬油的代替用醬油技術（再往前追溯的話就是初期的麩胺酸萃取技術）。所以老奶奶自謙是繩文時代的原油的說法並沒有錯。這種製法和歷經好幾年的時間發酵所完成的高級醬油在本質上截然不同。

「拉麵二郎的調味料用了很多間不同廠商的產品調配而成，例如溜醬油（濃縮醬油）等。靠著他們的搭配組合，讓我們的醬油能夠大放異彩，我們真的很感謝。」

由於對方好像連自己有生產醬油的事都不想提，最後沒有如願買到Kaneshi醬油。

◎大排長龍的祕密在於油脂◎

我想吃過的人都會同意，拉麵二郎和「Inspire啟發系（沒有在拉麵二郎修業的經驗，卻沿襲其風格的店家）」的份量實在多到非比尋常。預先加了一大匙的麩胺酸粉和醬汁的碗公裡，裝的是煮滾的湯頭，接著投入麵條和水煮豆芽菜和高麗菜，接著放入厚厚的肉片排好，最後再用湯勺舀起凝結的背脂，淋在表面上。厚厚的油脂包覆了湯頭，厚到連把調羹伸進碗裡都搆不到湯頭。

難怪拉麵二郎被視為「一種叫做拉麵二郎的食物」，而不被當作一般的拉麵。

高到爆表的熱量讓人吃到眼睛都要花了。吃完整碗拉麵，飽到喉嚨都被拉麵塞住，連講話都有困難。最重要的是，吃過一次以後就覺得夠了，完全沒有再次挑戰的意願。老實說，根本連看都不想看。

但很神奇的是，過了幾天，想再吃一次的念頭卻突然蠢蠢欲動，那股豬肉味終日纏繞在鼻尖，久久不散。

拉麵二郎號稱從吃到第3次會開始上癮，我能夠理解為什麼會有這種說法。那種感覺就像著了魔，完全身不由己。

這股衝動究竟是怎麼來的？把大份量設定為基本款，而且份量也不遜於拉麵二郎的拉麵店並不是沒有，但是其他店家卻無法永遠保持天天大排長龍的狀態。拉麵二郎最大的賣點不是份量也不是醬油，我認為應該出於其他原因，才讓人甘願排隊。

吃了好吃的東西會讓人心情愉快。這點和嗑藥一樣，腦的迴路＝犒賞系統發揮了作用。

吃美食會在腦內產生β腦內啡，對鴉片（腦啡或海洛因）的受體——阿片樣肽受體發揮作用，讓人感覺到美味。興奮劑的受體——多巴胺，負責傳遞想吃更多的欲求。換言之，「上癮」是因為多巴胺的分泌，多巴胺會產生想吃更多的衝動，只要繼續吃就會分泌β腦內啡，使人感覺幸福。原來美味是一種毒品。

根據京都大學農學研究科伏木亨教授的研究，吃下脂肪會使腦部的犒賞系統變得興奮。透過以玉米油餵食老鼠的實驗，證明老鼠對油脂產生強烈的執著。實驗使用一壓下把手就會流出玉米油的飼料餵食機；一開始只要壓幾下，玉米油就會流出。後來，不論把機器設定為必須要100下，甚至是200下才有油流出，但老鼠為了油脂，卻能夠堅持到底。

〈為了蛋糕和拉麵排隊的人龍，和老鼠為了吃到油而多次按壓把手的行為有異曲同工之妙〉〈隊伍的長度和人的期待感成正比〉（摘自新潮新書《醇味與鮮味的祕密》）。

拉麵二郎與土佐子的共通之處是壓倒性的大量背脂，難道背脂才是促成大排長龍的祕密武器嗎？

油脂和糖和麩胺酸

據說麩胺酸等鮮味和油脂一樣，具備讓老鼠欲罷不能的效果。

〈小腸的細胞把麩胺酸和脂肪酸認定為非常相似的物質〉（《魔法之舌——吃到身體必須的食物時會感到美味的神奇機制》／祥傳社出版）。原因據說可能是麩胺酸和脂肪酸的構造很相似。油脂量不高的日本料理以往之所以能夠滿足日本人，在於高湯發揮了很大的作用（不過，根據味之素的研究，似乎沒有發現使用高湯的習慣性，還有待日後的研究）。

對玉米油吃上癮的老鼠，被投予對阿片樣肽受體產生作用的受體阻斷劑後，變得對油興趣缺缺。據說使用能夠抑制多巴胺分泌的多巴胺阻斷劑後，「成癮」的症狀就消失了。

透過食物得到的犒賞系統方面的刺激和毒品不同，維持的時間非常短暫，而且巔峰在吃之前已經到來。

知道自己即將吃到油的老鼠〈在入口之前，有關快感的神經已經開始興奮〉〈製造β腦內啡的基因已經出動〉，一步步朝高潮邁進。

但是，開始吃了以後〈就像快速退潮一樣，基因的作用快速消失〉。

腦在吃之前準備產生的反應，就是老鼠在得到油好幾次之後產生的反應。據說這個反應在實驗的第一天並未發生，〈餵食油脂幾天之後，才出現期待的快感〉。

難道這個腦部機制才是拉麵店之所以能夠大排長龍的祕密嗎？在腦內物質的作用之下，大量的油脂和麩胺酸引起了恍惚感。突然心血來潮地想吃拉麵，是因為多巴胺作祟。至於吃過3次以後，三不五時就想來上一碗，則是β腦內啡的作用。完食之後的虛脫感，表示β腦內啡的分泌已經結束，這莫名的一切，都是脂肪引起的夢幻美味。

但是吃的人對這一連串的機制一無所知。正因為不知道，才會一再為了重溫當時的恍惚感，一次又一次地光顧拉麵店，大啖加了許多背脂和麩胺酸的拉麵。

◎品嘗背脂百分之百的拉麵◎

位於板橋區的下頭橋拉麵是土佐子的直傳店。也就是曾經在土佐子修業的店主獨立後自行開店。他所傳承的是現在已不再營業的土佐子的味道。

光是衝著土佐子的直傳店這個理由，我認為就有十二萬分的價值親自上門吃一碗，而且更驚人的是，據說這間店有推出背脂百分之百的拉麵。看清楚了喔，背脂百分之百，要是吃下這碗拉麵，腦內物質不就要傾巢而出，而且多巴胺和腦內啡因為分泌過量，恐怕很難恢復平常的水準了？

我對著人站在吧檯的另一端，獨自與圓桶鍋搏鬥的店主，向他表明想吃背脂拉麵。

「你真的要點嗎？」

這果然不是一般人會點的單啊？

「之前有部落客剛介紹的時候，1天差不多有5個人會點吧。」

土佐子還在營業的時候，據說1個月差不多有1個或2個人點。

「如果有客人下單，我們要做是可以做啦。」

不好吃嗎？

「我不知道耶，因為我沒吃過。」

自己不吃嗎？

「當然不吃囉！」

說得也是。

土佐子一般的拉麵，作法是先把醬汁倒入碗公，再用濾勺撈起湯頭表面上的背脂，Chachacha地把背脂撒在碗公上；再倒入湯頭，再重複一次背脂Chachacha，然後鋪上叉燒和蛋，最後端上桌。

如果有人點了背脂百分之百的拉麵，用濾勺從湯頭表面撈起的背脂，就不斷對著碗公ChachachaChachachaChachachaChachacha，讓醬汁與背脂融和，然後再一次ChachachaChachacha。總之，就是用背脂填滿整個碗公就對了。

我、我要開動了。

湯頭的顏色像豚骨拉麵一樣是乳白色，只是全都是背脂。

我深吸了一口氣，一鼓作氣地吸起麵條……咦？味道還蠻不錯的，沒有想像中油膩。雖然明知很油，吃起來並不覺得。

店主露出不安的表情看著我。

「味道怎麼樣？」

算是好吃嗎？嗯，沒想到還挺好入口的呢！而且很甜。

「背脂的甜味很濃吧。」

比起來應該還是普通的拉麵好吃，不過這碗拉麵也稱得上是美味可口啦。

總覺得有點失落感。原本以為吃起來會更有震撼力，沒想到一下子就吃完了。怎麼會這樣呢？多巴胺在哪裡啊？還有腦內啡！我完全沒有嗨的感覺啊。

感覺就像吃的是以前的土佐子拉麵，讓人覺得很懷念，只是油脂太多很礙事，不要有這些油就好了。這麼油的拉麵到底是誰點的呀？不就我嗎。

抱著下次來要點一般的拉麵的想法，我走出店門。一個小時之後。我的手掌開始發光，臉也出油了。一陣痛意緩緩蔓延開來，接著是巨大的痛楚猛然向我一擊。

我一路狂奔衝進廁所，壓抑著滿腔的怒火，在馬桶坐了下來。這碗拉麵果然不是我消受得起，起碼我的內臟吃不消，然後隔天我睡了一整天。

從吃了那碗拉麵至今已過了半個月，想再吃一次的念頭是否蠢蠢欲動了呢……老實說，光是想還會覺得有點噁心。

據說老鼠只要一吃油就不知飽為何物，但人和老鼠不一樣。透過這次的經驗讓我深深明白，不論什麼事都有個限度。以後吃一般的拉麵就好了，一般的就很夠了。

下頭橋拉麵
地址：東京都板橋區常盤台3-10-3
營業時間：18:00 ～隔天4:00
公休日：星期二
電話：03-3967-5957
※菜單沒有列出背脂百分之百的拉麵，請直接向店主點單。

◎尾聲◎

我把裝著拉麵的碗公移到面前，正準備大快朵頤。

（這是什麼啊？）

我們一般吃的叉燒，不是淡咖啡色就是灰色等暗沉的顏色，但我眼前這碗拉麵裡放的叉燒卻是粉紅色，而且是色澤鮮豔的玫瑰紅，與牛排和烤牛肉幾可亂真。

（難道是真空調理法？）

真空調理法是80年代首創於法國的技術，之後因榮獲米其林三星的鬥牛犬餐廳開始採用的分子調理法（利用海藻酸的包膜把法式高湯加工成魚卵狀，或者以泡沫的型態呈現醬汁等運用科學的調理技術）而再度受到注目。

如果以真空調理法製作牛排，方法和一般燒烤式不同，而是用水煮。作法是以蛋白質凝固的臨界溫度——58～62度，將真空包裝的肉排以一定的時間加熱，再略為炙烤水煮之後的肉排表面，使其保留生肉的口感和風味，但本身卻是全熟的全新滋味。

很多人都說料理即是科學。以提升美味為目標的調理技術，透過經驗，再加上科學技術的輔助，最後終於摸索出最合適的做法。但分子調理法則剛好相反，其宗旨是企圖透過科學技術，以開發出光靠經驗所無法創造的全新味覺與飲食體驗。

分子調理法因其前衛的試驗方法而經常在烹飪時的專業領域中被談論。

讓我大吃一驚的是，沒想到拉麵也不惜成本，跟上這股走在最前端的料理風潮。除了拉麵以外，沒有其他料理可以用不到1000日幣的價格進行分子調理法了。

本書能夠完成，多虧諸位人士的大力協助。最後我想藉此機會，對下列人士表達我的謝意。這一大串的名單包括接受採訪的NPO法人鮮味資訊中心的二宮久美子女士和石井正先生、東京大學‧農學生命科學研究所的加藤久典先生、管理營養師菊池真由子小姐、（株）三河屋製麵的宮內嚴先生、作家玉置豐先生、（株）小宮商店的丸山健太先生、AISSY（株）的鈴木隆一先生、加工食品記者中戶川貢先生、日清食品控股公司（株）、一般社團法人日本即席食品工業協會的任田耕一先生和中井義兼先生、（株）Iceland食品的川瀧裕司先生、富士食品工業（株）、（株）Atago、Cookpad（株）的宮澤Kazumi小姐、電氣通信大學情報理工學研究科的坂本真樹教授。另外，我也要感謝硬被我逼著參與採訪的烏龍麵研究家井上Kon小姐、為我解答疑惑的料理研究家島田惠子小姐、江戶川大學社會部崎本武志副教授和Slience Entertainment的成田真彌小姐、友人安德魯和查爾先生。

我生平第一次吃到的粉紅叉燒，肉質非常軟嫩，搭配無化調的湯頭非常合拍。我們對現今拉麵的認識，並非應該以科學的角度解析，而是以科學賦予全新的面貌。我也很有興趣想知道科學將會帶領著拉麵走上什麼樣的路。

國家圖書館出版品預行編目資料

拉麵的科學：為什麼吃拉麵會有幸福的感覺？用科學角度告訴你什麼樣的拉麵最好吃！ / 川口友萬著；藍嘉楹譯. —— 初版. —— 臺中市：晨星，2020.01
面；公分.——（知的！：158）

譯自：ラーメンを科学する

ISBN 978-986-443-952-2（平裝）

1. 食品科學 2. 拉麵

427.38　　108020017

知的！158

拉麵的科學：

為什麼吃拉麵會有幸福的感覺？
用科學角度告訴你什麼樣的拉麵最好吃！

ラーメンを科学する

作者　川口友萬
設計　漆原悠一（tento）
封面插圖　海道建太
譯者　藍嘉楹
編輯　吳雨書
校對　吳雨書
封面字體設計　陳語萱
美術編輯　黃偵瑜

填回函，送Ecoupon

創辦人　陳銘民
發行所　晨星出版有限公司
行政院新聞局局版台業字第 2500 號
總經銷　知己圖書股份有限公司
地址　台北 台北市 106 辛亥路一段 30 號 9 樓
TEL：（02）23672044 ／ 23672047
FAX：（02）23635741
台中 台中市 407 工業區 30 路 1 號
TEL：（04）23595819　FAX：（04）23595493
Email　service@morningstar.com.tw
晨星網路書店　http://www.morningstar.com.tw
法律顧問　陳思成律師
初版日期　西元 2020 年 1 月 15 日
再版　西元 2020 年 5 月 1 日（二刷）
郵政劃撥　15060393（知己圖書股份有限公司）
讀者專線　02-23672044

印刷　上好印刷股份有限公司

定價 370 元
（缺頁或破損的書，請寄回更換）
ISBN 978-986-443-952-2